云计算与大数据专业群人才培养系列教材

# 虚拟化与云计算
# 技术应用实践项目化教程

主　编　陈宝文

副主编　陆芸婷　刘婷婷　宋　安

电子工业出版社·
Publishing House of Electronics Industry
北京·BEIJING

## 内 容 简 介

本书既是国家职业教育专业教学资源库配套教材，又是基于"项目导向，任务驱动"的采用项目化教学方式的虚拟化与云计算应用实践教材。本书是面向高等职业院校大数据、云计算及其他计算机类相关专业的标准化教材，兼顾较强的理论性和实用性。

全书以云计算环境下虚拟化技术的应用为核心，项目一介绍了云计算与虚拟化的基本原理和常用概念；项目二介绍了 Qemu-kvm 的安装和配置；项目三介绍了 libvirt 创建和管理虚拟机；项目四介绍了 virt-manager 创建和管理虚拟机；项目五介绍了虚拟网络的配置和管理；项目六介绍了网络存储的搭建和使用；项目七介绍了 Docker 技术；项目八介绍了腾讯云服务。读者通过学习本书，可以了解虚拟化技术的背景和原理，掌握在 KVM 下创建和管理虚拟机的方法，了解网络虚拟化与存储虚拟化的相关方法，掌握容器和腾讯公有云的基本操作。

本书既可作为高等职业院校和应用型本科院校大数据、云计算及其他计算机类相关专业的教材，又可作为云计算开发运维人员的参考用书。

**图书在版编目（CIP）数据**

虚拟化与云计算技术应用实践项目化教程 / 陈宝文主编. —北京：电子工业出版社，2023.1

ISBN 978-7-121-44862-1

Ⅰ. ①虚… Ⅱ. ①陈… Ⅲ. ①虚拟处理机－高等职业教育－教材②云计算－高等职业教育－教材
Ⅳ. ①TP338②TP393.027

中国国家版本馆 CIP 数据核字（2023）第 004413 号

责任编辑：李　静　　　特约编辑：田学清
印　　刷：河北鑫兆源印刷有限公司
装　　订：河北鑫兆源印刷有限公司
出版发行：电子工业出版社
　　　　　北京市海淀区万寿路 173 信箱　　　　邮编：100036
开　　本：787×1092　　1/16　　印张：15.75　　字数：352.8 千字
版　　次：2023 年 1 月第 1 版
印　　次：2024 年 3 月第 3 次印刷
定　　价：52.80 元

凡所购买电子工业出版社图书有缺损问题，请向购买书店调换。若书店售缺，请与本社发行部联系，联系及邮购电话：（010）88254888，88258888。

质量投诉请发邮件至 zlts@phei.com.cn，盗版侵权举报请发邮件至 dbqq@phei.com.cn。

本书咨询联系方式：（010）88254604，lijing@phei.com.cn。

# 前　言

国家职业教育专业教学资源库建设项目是教育部、财政部为深化高职院校教育教学改革，加强专业与课程建设，推动优质教学资源共建共享，提高人才培养质量而启动的建设项目。2019 年，深圳信息职业技术学院作为国家职业教育计算机信息管理专业教学资源库项目的联合主持单位，承建了大量的资源建设任务。本书既是建设项目的重要成果之一，又是资源库课程开发成果和资源整合应用实践的重要载体。

## 1．本书特色

本书内容包括开源虚拟化技术及公有云技术。本书选用红帽公司的 Red Hat Enterprise Linux 8 作为平台，采用"项目导向，任务驱动"的方式编辑内容，注重理论与实践相结合，配有 PPT、教案、实操视频等。参与本书编写的教师有丰富的云计算基础架构和虚拟化技术教学实践经验。公有云案例选用本书开发合作企业腾讯云计算（北京）有限责任公司的实际案例。

## 2．参考学时

本书参考学时为 60 学时，其中讲授学时为 30 学时。各个项目的参考学时参见下面的学时分配表。

| 项目 | 课程内容 | 学时分配 | |
|------|---------|---------|------|
| | | 讲授 | 实训 |
| 项目一 | 认识云计算与虚拟化 | 2 | 2 |
| 项目二 | Qemu-kvm 的安装和配置 | 4 | 4 |
| 项目三 | libvirt 创建和管理虚拟机 | 4 | 4 |
| 项目四 | virt-manager 创建和管理虚拟机 | 4 | 4 |
| 项目五 | 虚拟网络的配置和管理 | 4 | 4 |
| 项目六 | 网络存储的搭建和使用 | 4 | 4 |
| 项目七 | Docker 技术 | 4 | 4 |
| 项目八 | 腾讯云服务 | 4 | 4 |
| 总计 | | 30 | 30 |

　　本书由陈宝文担任主编，陆芸婷、刘婷婷、宋安担任副主编。其中，陈宝文撰写项目一至项目六，刘婷婷撰写项目七，陆芸婷撰写项目八。此外，宋安负责校对全部书稿。在此，感谢电子工业出版社各位编辑对本书的出版给予的帮助和支持。本书在编写过程中参考了大量书籍和互联网资料，并得到了相关职业学院教师的支持，在此对相关作者和教师表示感谢。由于编者水平有限，书中难免出现不足之处，请读者不吝指出，以帮助编者进一步完善本书的内容。

编　者

2022 年 10 月

教材资源服务交流 QQ 群
（QQ 群号：684198104）

# 目　录

| 项目一 | 认识云计算与虚拟化 | 1 |
|---|---|---|

学习目标 ...................................................................................................... 1

项目描述 ...................................................................................................... 1

相关知识 ...................................................................................................... 2

    1.1　云计算概述 .................................................................................. 2

    1.2　虚拟化概述 .................................................................................. 5

    1.3　主流虚拟化技术 .......................................................................... 7

    1.4　VMware Workstation 概述 .......................................................... 15

项目实践 ...................................................................................................... 15

    任务 1-1　VMware Workstation 的安装 ......................................... 15

    任务 1-2　使用 VMware Workstation 部署虚拟机 ........................ 23

课后练习 ...................................................................................................... 33

| 项目二 | Qemu-kvm 的安装和配置 | 34 |
|---|---|---|

学习目标 ...................................................................................................... 34

项目描述 ...................................................................................................... 34

相关知识 ...................................................................................................... 35

    2.1　KVM 及功能列表 ....................................................................... 35

2.2 KVM 工具集合 .................................................................. 36

2.3 Qemu-kvm ........................................................................ 36

项目实践 ................................................................................. 38

    任务 2-1 使用 SSH 远程登录 Linux 服务器 ........................ 38

    任务 2-2 配置 VNC 环境并远程登录 Linux 服务器 ............. 42

    任务 2-3 Qemu-kvm 虚拟化环境的搭建 ............................. 45

    任务 2-4 使用 qemu-img 命令创建虚拟机硬盘并安装虚拟机 ........... 48

课后练习 ................................................................................. 50

## 项目三　libvirt 创建和管理虚拟机 ................................................ 51

学习目标 ................................................................................. 51

项目描述 ................................................................................. 51

相关知识 ................................................................................. 52

    3.1 libvirt 简介 ...................................................................... 52

    3.2 libvirt 框架 ...................................................................... 53

    3.3 网桥 ................................................................................. 54

项目实践 ................................................................................. 54

    任务 3-1 安装 libvirt 软件包 ............................................. 54

    任务 3-2 使用 virt-install 命令创建虚拟机 ........................ 55

    任务 3-3 客户机 XML 配置文件格式及配置信息 ................ 56

    任务 3-4 使用 virsh 命令创建和管理虚拟机 ..................... 60

    任务 3-5 使用 virsh 命令管理网络 ................................... 65

    任务 3-6 使用 virsh 命令管理存储池 ................................ 68

    任务 3-7 使用 virsh 命令静态迁移虚拟机 ......................... 74

    任务 3-8 使用 virsh 命令动态迁移虚拟机 ......................... 77

课后练习 ................................................................................. 79

## 项目四　virt-manager 创建和管理虚拟机 ...................................... 81

### 学习目标 ....................................................................................... 81

### 项目描述 ....................................................................................... 81

### 相关知识 ....................................................................................... 82

　　virt-manager 简介 ......................................................................... 82

### 项目实践 ....................................................................................... 82

　　任务 4-1　使用 virt-manager 远程连接服务器 ............................... 82

　　任务 4-2　使用 virt-manager 创建和管理虚拟机 ........................... 86

　　任务 4-3　使用 virt-manager 管理存储池 ..................................... 91

　　任务 4-4　使用 virt-manager 动态迁移虚拟机 ............................... 97

### 课后练习 ....................................................................................... 105

## 项目五　虚拟网络的配置和管理 ............................................... 106

### 学习目标 ....................................................................................... 106

### 项目描述 ....................................................................................... 106

### 相关知识 ....................................................................................... 107

　　5.1　传统网络和虚拟网络 ............................................................. 107

　　5.2　虚拟网络模式 ....................................................................... 108

　　5.3　虚拟网络设备 veth-pair ........................................................ 109

　　5.4　分布式虚拟交换机 ................................................................. 109

　　5.5　GRE 协议及原理 ................................................................... 110

### 项目实践 ....................................................................................... 111

　　任务 5-1　使用 veth 连接两个 namespace ................................... 111

　　任务 5-2　实现桥接网络模型 ....................................................... 112

　　任务 5-3　完成 NAT 网络模型 ..................................................... 114

　　任务 5-4　在 RHEL8 中安装 Open vSwitch ................................. 118

任务 5-5　熟悉 Open vSwitch 管理网桥的相关命令 ............................ 120

任务 5-6　使用 Open vSwitch 创建 GRE 隧道网络 ............................ 120

课后练习 .......................................................................................... 124

**项目六　网络存储的搭建和使用** ................................................. 126

学习目标 .......................................................................................... 126

项目描述 .......................................................................................... 126

相关知识 .......................................................................................... 127

6.1　主流的存储架构技术 ............................................................... 127

6.2　分布式存储技术 ...................................................................... 128

项目实践 .......................................................................................... 131

任务 6-1　安装 Openfiler ............................................................... 131

任务 6-2　使用 Openfiler 搭建 NFS 存储 ....................................... 137

任务 6-3　使用 Openfiler 搭建 iSCSI 存储 ..................................... 144

任务 6-4　HDFS 安装配置和使用 .................................................. 154

任务 6-5　MooseFS 的安装、配置和使用 ...................................... 159

课后练习 .......................................................................................... 166

**项目七　Docker 技术** ................................................................. 167

学习目标 .......................................................................................... 167

项目描述 .......................................................................................... 167

相关知识 .......................................................................................... 168

7.1　Docker 架构 ........................................................................... 168

7.2　管理数据的方式 ...................................................................... 170

7.3　Dockerfile ............................................................................... 171

**项目实践** ....................................................................... 173

　　任务 7-1　Docker 的安装和配置 ........................................ 173

　　任务 7-2　Docker 命令行的操作 ........................................ 175

　　任务 7-3　Docker 的数据管理 ........................................... 180

　　任务 7-4　使用 Dockerfile 构建 Web 镜像 ......................... 183

　　任务 7-5　Docker 镜像的发布 ........................................... 185

**课后练习** ....................................................................... 188

## 项目八　腾讯云服务 ........................................ 189

**学习目标** ....................................................................... 189

**项目描述** ....................................................................... 189

**相关知识** ....................................................................... 190

　　8.1　腾讯云概述 ........................................................... 190

　　8.2　腾讯云产品 ........................................................... 190

　　8.3　云 API 概述 .......................................................... 196

**项目实践** ....................................................................... 197

　　任务 8-1　云服务器的创建和配置 ....................................... 197

　　任务 8-2　云数据库的创建和配置 ....................................... 203

　　任务 8-3　云存储的配置与管理 ......................................... 212

　　任务 8-4　云网络的配置与管理 ......................................... 221

　　任务 8-5　云服务器 API 的调用 ....................................... 233

**课后练习** ....................................................................... 237

# 项目一

# 认识云计算与虚拟化

扫一扫
看微课

## 学习目标

一、知识目标

（1）掌握云计算的基本概念、服务模型和部署模型。

（2）了解国内外主流的云产品。

（3）熟悉虚拟化的基本概念、技术分类和基础架构。

（4）了解主流的虚拟化技术。

二、技能目标

掌握使用 VMware Workstation 部署实验环境的步骤。

三、素质目标

（1）树立历史、辩证、创新的科学思维；

（2）增强文化自信，提升民族自豪感。

## 项目描述

　　云计算的相关服务从根本上改变了企业的工作方式，在近些年来得到了快速发展。在云计算的发展过程中，产生了虚拟化、公有云、私有云、云存储等概念。虚拟化技术将硬件资源虚拟化，实现了隔离性、可扩展性、安全性，以及可充分利用资源等特点。硬件资源的虚拟化，为云计算商业模式提供了基础设施即服务、平台即服务、软件即服务 3 个层次的云资源。本项目重点介绍云计算和虚拟化的相关概念，以及部署虚拟化实验环境的步骤。

 **相关知识**

## 1.1　云计算概述

### 1.1.1　云计算的基本概念

云计算是网格计算、分布式计算、并行计算、效用计算、网络存储、虚拟化和负载均衡等传统计算机和网络技术发展融合的产物,既是信息时代的革新,又是信息时代的飞跃。从狭义上讲,云计算是一种提供资源的网络,用户可以随时通过网络获取"云"上的资源,按需求量使用。从广义上讲,云计算是与信息技术、软件、互联网相关的一种服务,这种计算资源共享池叫作"云"。云计算把许多计算资源集合起来,具有很强的扩展性和需要性,可以为用户提供一种全新的体验。云计算以互联网为中心,在网站上提供快速且安全的云计算服务与数据存储。用户通过网络可以获取不受时间和空间限制的庞大计算资源与数据中心。虚拟化是构建云基础架构不可或缺的关键技术之一。

云计算与传统的网络应用模式相比,具有更高的灵活性、可扩展性和性价比等。其特点如下。

(1)虚拟化技术:虚拟化突破时间和空间的界限,是云计算十分显著的特点。虚拟化技术包括应用虚拟和资源虚拟两种。

(2)动态可扩展:云计算具有高效的运算能力。在原有服务器的基础上增加了云计算功能,能够使计算速度提高,最终实现对应用进行扩展的目的。此外,用户也可以利用应用软件的快速部署条件更为迅速地扩展业务。

(3)按需部署:云计算平台能够根据用户的需求快速配备计算能力及资源。

(4)灵活性高:目前,市场上的大多数IT资源、软件、硬件都支持虚拟化。虚拟化要素统一放在虚拟资源池中进行管理,不仅可以兼容低配置机器、不同厂商的硬件产品,而且能够增加外设,获得更高的计算性能。

(5)可靠性高:在使用云计算时,即使服务器出现故障也不会影响计算与应用的正常运行。可以通过虚拟化技术将分布在不同物理服务器上的应用进行恢复,也可以通过使用动态扩展功能部署新的服务器进行计算。

(6)性价比高:将资源放在虚拟资源池中统一管理,在一定程度上优化了物理资源,用户可以选择相对低廉的主机组成云,不一定需要昂贵的、存储空间大的主机。

(7)可扩展性:通过云计算可以实现跨资源池的动态分配,可以动态添加硬件并分配业务。

### 1.1.2　云计算的服务模式

云计算的服务模式可以分为基础设施即服务、平台即服务和软件即服务 3 种。

（1）基础设施即服务（Infrastructure as a Service，IaaS）：主要包括计算机服务器、通信设备、存储设备等，能够按需向用户提供计算能力、存储能力或网络能力等服务，即在基础设施层面提供服务。IaaS 能够得到成熟应用的核心在于虚拟化技术，通过虚拟化技术可以将形形色色的计算设备统一虚拟化为虚拟资源池中的计算资源，将存储设备统一虚拟化为虚拟资源池中的存储资源，将网络设备统一虚拟化为虚拟资源池中的网络资源。当用户订购这些资源时，数据中心管理者会直接将订购的份额打包提供给用户。

（2）平台即服务（Platform as a Service，PaaS）：云计算的平台层提供类似传统计算机架构的"硬件+操作系统+应用软件"中的操作系统和开发工具的功能。PaaS 定位于通过互联网为用户提供一整套开发、运行和运营应用软件的支撑平台。就好比在个人计算机软件的开发模式下程序员在一台装有 Windows 或 Linux 的计算机上使用开发工具并部署应用软件一样。

（3）软件即服务（Software as a Service，SaaS）：一种通过互联网提供软件服务的软件应用模式。在这种模式下，用户不需要建设硬件、软件和开发团队，只需要支付一定的租赁费用，就可以通过互联网享受相应的服务，并且整个系统的维护也由厂商负责。

### 1.1.3　云计算的部署模型

云计算根据服务的消费者的来源可以分为 4 种部署模型，分别是私有云、社区云、公共云和混合云。

#### 1. 私有云

私有云的核心特征是云端部署仅提供给一个单位使用，包括本地私有云和托管私有云。其中，本地私有云的云端部署在单位内部，私有云的安全及网络安全边界定义都由单位自己实现并管理，由单位掌控。托管私有云是把云端托管在第三方机房或其他云端，单位通过专用网或虚拟专用网与托管的云端建立连接，不能完全控制托管私有云的安全性。

#### 2. 社区云

社区云的核心特征是云端资源提供两个或两个以上的特定单位的员工使用，而这些单位组成的社区对云端具有相同的云服务模式、安全级别、合规性等诉求。云端的所有权、日常管理和操作的主体可能是社区内的一个或多个单位，也可能是社区外的第三方机构，还可能是二者的联合。云端可能部署在本地，也可能部署在他处。例如，医院组建区域医疗社区云，各家医院通过社区云共享病例和各种检测化验数据，这样可以有效地减少患者的就医费用。

### 3. 公共云

公共云的核心特征是云端资源面向社会公众开放使用。云端的所有权、日常管理和操作的主体可以是一个商业组织、学术结构、政府部门，也可以是它们中的几个联合。公共云的管理比私有云的管理要复杂得多，尤其是在安全防范方面要求更高。比如，亚马逊云、腾讯云、阿里云等。

### 4. 混合云

混合云由两个或两个以上不同类型的云（如私有云、社区云、公共云）组成。它不是一种特定类型的单个云。虽然不同类型的云各自独立，但是要用混合云管理层将它们组合起来，这些技术能实现云之间的数据和应用程序的平滑流转。公/私混合云是混合云的主要形式，因为它同时具备了公共云的资源规模和私有云的安全特征。公/私混合云可以根据负载的重要性灵活分配资源。例如，将内部的重要数据保存在本地云端，将非机密的功能模块保存在公共云区域，在生产期间临时启用公共云资源来应急巨大的运算量等。

## 1.1.4 国内外公有云

云计算的发展使 IT 资源利用效率提升。企业使用云服务可以节约成本，并且可以专注于核心竞争力的提升。云服务的受欢迎程度和重要性不言而喻。云计算产业链包括基础设备提供商、互联网数据中心（Internet Data Center，IDC）厂商和云服务厂商。基础设备提供商出售服务器、路由器、交换机等设备给 IDC 厂商，IDC 厂商为云服务厂商提供基础的机房、设备、水电等资源。国内外主要的云服务厂商有阿里、腾讯、华为、亚马逊、微软等。这些厂商提供弹性计算、网络、存储、应用等服务给互联网、政府、金融等传统行业用户与个人用户。2009 年以后，云计算在我国快速发展，云计算市场从最初的十几亿规模增长至目前的千亿规模，行业发展迅速。《中国互联网发展报告（2021）》显示，2020 年，我国云计算整体市场规模达到 1781.8 亿元，增速为 33.6%。其中，公有云市场规模达到 990.6 亿元，同比增长 43.7%；私有云市场规模达到 791.2 亿元，同比增长 22.6%。

### 1. 阿里云

阿里云是中国最大的云计算平台，服务范围覆盖全球多个国家和地区。在阿里云的服务群体中，活跃着微博、知乎、魅族、锤子科技、小咖秀等一大批互联网公司。在"天猫双 11"全球狂欢节、12306 春运购票等极富挑战的应用场景中，阿里云保持着良好的运行纪录。

### 2. 腾讯云

腾讯云有着多年互联网服务经验。不管是在社交、游戏领域还是在其他领域，腾讯云都有多年的成熟产品来提供产品服务。腾讯在云端完成重要的部署，为开发者及企业提供云服务、云数据、云运营等整体一站式服务方案。

### 3．华为云

华为云依托华为公司云计算研发实力，面向互联网增值服务运营商、企业、政府、科研院所等广大用户提供云主机、云托管、云存储等基础云服务，以及超算、内容分发与加速、视频托管与发布、企业 IT、云电脑、云会议、游戏托管、应用托管等服务和解决方案。

### 4．亚马逊云

Amazon Web Services 即 AWS，是亚马逊公司的云计算 IaaS 和 PaaS 平台服务，AWS 是目前全球市场份额最大的云计算厂商。其面向用户提供包括弹性计算、存储、数据库、应用程序在内的一整套云计算服务。

### 5．微软云

微软云主要提供计算服务、网络服务、数据服务和应用程序服务四大类型的服务。计算服务可提供云应用程序运行所需的处理功能；网络服务可提供虚拟网络、流量管理器；数据服务可提供存储、管理、保障、分析和报告企业数据的功能；应用程序服务可提供各种方式，以增强云应用程序的性能，以及安全性、发现功能和继承性。

## 1.2　虚拟化概述

### 1.2.1　虚拟化的基本概念

#### 1．虚拟化的定义

在计算机科学领域中，虚拟化代表对计算资源的抽象，是将计算机的各种实体资源如服务器、网络、内存、存储等，予以抽象、转换后呈现出来。这些资源虚拟的部分不受现有资源的架设方式、地域或物理组态的限制。虚拟化是降低规模企业的 IT 开销，提高效率和敏捷性的有效方式。

#### 2．虚拟化的发展

1959 年 6 月，牛津大学的计算机教授克里斯·托弗（Christopher Strachey）在国际信息处理大会（International Conference on Information Processing）上发表了一篇名为《大型高速计算机中的时间共享》（*Time Sharing in Large Fast Computer*）的学术报告，在学术报告中首次提出了"虚拟化"的基本概念，并论述了虚拟化技术。1962 年，超级计算机 Atlas1 诞生，Atlas1 是第一台实现了虚拟内存（Virtual Memory）概念的计算机。1960 年，IBM 在 Thomas J.Watson Research Center 进行 M44/44X 计算机研究项目。M44/44X 项目基于 IBM 7044 实现了多个具有突破性的虚拟化概念，包括部分硬件共享（Partial Hardware

Sharing）、时间共享（Time Sharing）、内存分页（Memory Paging），并且实现了虚拟内存管理的虚拟机监视器（又被称为 Hypervisor 或 Virtual Machine Monitor，VMM）。M44/44X 项目首次使用了"虚拟机"（Virtual Machine，VM）一词，被认为是世界上第一个支持虚拟机的系统。1964 年，IBM 推出了著名的 System/360。System/360 不仅提供了新型的操作系统，而且实现了基于全硬件虚拟化（Full Hardware Virtualization）的虚拟机解决方案，包括页式虚拟内存（4K 分页虚拟存储系统）、虚拟磁盘和分时共享系统（Time Sharing System，TSS）。1974 年，杰拉尔德·J·波佩克（Gerald J.Popek）和罗伯特·P·戈德堡（Robert P.Goldberg）在合作论文《可虚拟第三代架构的规范化条件》（*Formal Requirements for Virtualizable Third Generation Architectures*）中提出了一组被称为虚拟化准则的充分条件。在合作论文中他们介绍了两种 Hypervisor 类型，分别是类型 I（原生或裸机的 Hypervisor），这些虚拟机管理程序直接运行在宿主机的硬件上来控制硬件和管理客户机操作系统；类型 II（寄居或托管的 Hypervisor），VMM 运行在传统的操作系统上，就像其他计算机程序那样运行。1979 年，UNIX 的第 7 个版本引入了 chroot 机制，意味着第一个操作系统虚拟化（OS-level virtualization）诞生。20 世纪 60 年代到 80 年代，虚拟化技术的发展使得大型机和小型机获得了空前的成功。

20 世纪 80 年代到 90 年代，x86 服务器和桌面部署虽然得到快速增长，但也为企业 IT 基础架构带来了利用率低、成本高、IT 运维成本高、故障切换和灾难保护不足、终端用户桌面维护成本高等难题。为了解决这些难题，虚拟化技术迅速发展。1990 年，Keir Fraser 和 Ian Pratt 创建了 XenServer 的初始代码工程。1997 年，苹果公司开发了 Virtual PC。1999 年，VMware 公司针对 x86 平台推出了商业虚拟化软件 VMware Workstation。2001 年，VMWare 发布 ESX 和 GSX。同年，Fabrice Bellard 也发布了采用了动态二进制翻译（Binary Translation）技术的开源虚拟化软件 Qemu（Quick EMUlator）。2004 年，微软发布 Virtual Server 2005 计划，象征着虚拟化技术正式进入主流市场。2006 年，Intel 和 AMD 等厂商相继将对虚拟化技术的支持加入 x86 体系结构的中央处理器（AMD-V，Intel VT-x），使原来纯软件实现的各项功能可以借助硬件的力量提速。2007 年 2 月，Linux Kernel 2.6.20 吸纳了由以色列公司 Qumranet 开发的虚拟化内核模块 KVM（Kernel-based Virtual Machine）。2008 年第一季度，微软同时发布了 Windows Server 2008 R2 及虚拟化产品 Hyper-V。2009 年 9 月，红帽发布了 RHEL5.4，在原先的 Xen 虚拟化的机制上，将 KVM 添加进来，后来 RHEL6.0 仅保留 KVM 虚拟化。2014 年 6 月，Docker 发布了第一个正式版本 v1.0。Docker 容器隔离性封装的特性，为运维能力引入了"可编程性"。2015 年 7 月，Kubernetes v1.0 发布。Kubernetes 提供了应用部署、规划、更新、维护的机制，使部署容器化的应用变得简单且高效。

### 1.2.2 虚拟化技术的分类

（1）平台虚拟化（Platform Virtualization）：针对计算机和操作系统的虚拟化，即产生虚拟机。通常我们所说的虚拟化主要指平台虚拟化技术，通过使用 VMM 创建虚拟机。

（2）资源虚拟化（Resource Virtualization）：针对特定系统资源的虚拟化，如内存虚拟化、存储虚拟化、网络资源虚拟化等。

（3）应用程序虚拟化（Application Virtualization）：包括仿真、模拟、解释技术（如 Java 虚拟机）等。

### 1.2.3 虚拟基础架构

虚拟基础架构就是在整个基础架构范围内共享多台计算机的物理资源，将服务器、存储器和网络聚合成一个统一的共享资源池，根据需要安全、可靠地向应用程序动态提供资源。这种资源优化方式可以使用价格低廉的服务器以构造块的形式构建数据中心，并体现高利用率、可用性、自动化和灵活性。虚拟基础架构包括以下组件。

（1）裸机管理程序：可以使每台计算机实现全面虚拟化。

（2）虚拟基础架构服务（如资源管理和整合备份）：可以在虚拟机之间使可用资源达到最优配置。

（3）自动化解决方案：用于通过提供特殊功能优化特定 IT 流程，如部署或灾难恢复。

## 1.3 主流虚拟化技术

### 1.3.1 服务器虚拟化

#### 1. 服务器虚拟化的基本概念

服务器虚拟化指将一台计算机（又被称为物理机、物理服务器、物理主机）通过 Hypervisor 虚拟为多台逻辑计算机，这些逻辑计算机又被称为虚拟机，每台虚拟机都拥有独立的"硬件"。这些"硬件"通过 Hypervisor 将物理机的硬件虚拟而来。Hypervisor（又被称为 VMM），是实现物理机虚拟为虚拟机的操作系统或软件。它为虚拟机提供虚拟的硬件资源，负责管理和分配这些资源，并确保上层虚拟机之间的相互隔离。

因为服务器通常包括存储和网络两部分，所以在服务器虚拟化技术中包括存储虚拟化技术和网络虚拟化技术。具体而言，存储虚拟化可以分为基于主机的虚拟化、基于存储设备的虚拟化、基于网络的虚拟化，而网络虚拟化可以分为基于协议的虚拟化和基于虚拟设备的虚拟化。一般情况下对于数据中心来说，很少单独强调哪种技术是什么类型的虚拟化，如 RAID 是否归类为存储虚拟化技术，虚拟专用网、VLAN 是否归类为网络虚拟化技术。虽然广义上服务器虚拟化的虚拟"硬盘"与 RAID 划分逻辑单元号（Logical Unit Number，LUN）两种技术都是存储虚拟化，但是对数据中心而言，存储虚拟化更多指 TB、PB，甚至 EB 级别的存储资源，通过某种方式集中形成池，按照需要提供给物理机或虚拟机存储资源。比如，2 块 500GB 的硬盘"虚拟化"成 4 块 250GB 的硬盘，这 4 块硬盘就被称为 4 个 LUN，每个 LUN 在操作系统看来就是一块"真实"的硬盘。LUN 这个概念需要和"卷"进行区分，"卷"对应我们常说的分区，如 Windows 下的 C 盘、D 盘，Linux 下的/home 分区等，一个分区就是一个"卷"。详细的存储和网络虚拟化将在本书后面章节的存储虚拟化和网络虚拟化中介绍。

### 2. 服务器虚拟化的核心技术

（1）CPU 虚拟化。

2005 年以后，CPU 厂商 Intel 和 AMD 开始生产支持虚拟化的 CPU。这种 CPU 有 VMX root operation 和 VMX non-root operation 两种模式，两种模式都支持 Ring 0～Ring 3 共 4 个运行级别。VMM 可以运行在 VMX root operation 模式下，客户操作系统（Operating System，OS）可以运行在 VMX non-root operation 模式下。这样原来虚拟化技术中依靠"捕获异常—翻译—模拟"的软件实现就不需要了，硬件层直接支持虚拟化技术。由于 CPU 厂商支持虚拟化的力度越来越大，依靠硬件辅助的全虚拟化技术的性能逐渐逼近半虚拟化，并且全虚拟化不需要修改 OS，所以显示全虚拟化技术是未来的发展趋势。

（2）内存虚拟化。

早期的操作系统只有物理地址且空间有限，在使用内存时进程必须小心翼翼以免覆盖其他进程的内存。为避免此类问题，虚拟内存的概念被抽象出来，以保证每个进程都有一块连续的、独立的虚拟内存空间。进程直接通过 VA（Virtual Address）使用内存，CPU 在访问内存时发出的 VA 由硬件 MMU（Memory Management Unit）拦截并转换为 PA（Physical Address）。VA 到 PA 的映射使用页表进行管理，MMU 在转换时会自动查询页表。内存虚拟化与虚拟内存的概念类似，由于一台主机上的每台虚拟机均认为自己独占整个物理地址空间，因而需要对内存再次进行抽象，即内存虚拟化，以保证每台虚拟机都有独立的地址空间。这样一来，在虚拟机和物理机中均有 VA 和 PA 的概念，即 GVA（Guest Virtual Address）和 GPA（Guest Physical Address），以及 HVA（Host Virtual Address）和 HPA（Host Physical Address）。虚拟机内的程序使用的是 GVA，最终需要转换成 HPA。VA 到 PA（GVA 到 GPA，以及 HVA 到 HPA）的映射同样使用页表管理，GPA 到 HVA 一般是几段连续的线性映射，由虚拟机的管理程序 VMM 进行管理。

内存虚拟化分为基于软件的内存虚拟化和硬件辅助的内存虚拟化。其中，基于软件的内存虚拟化技术为影子页表技术（Shadow Page Table，SPT），硬件辅助的内存虚拟化技术为扩展页表技术（Extend Page Table，EPT）。

SPT：由于最初的硬件只支持一层页表转换，直接用来转换虚拟机或物理机上的 VA 到 PA，无法完成 GVA 到 HPA 的转换，因此 SPT 建立了一条捷径，即影子页表，直接管理 GVA 到 HPA 的映射。每一个影子页表实例对应虚拟机内的一个进程，影子页表的建立需要使用 VMM 查询虚拟机内的进程的页表。由于影子页表管理的是 GVA 到 HPA 的直接映射，SPT 地址转换路径与物理机转换路径相当，所以直接查询一层页表就可以完成地址转换。SPT 的优势在于地址转换过程的开销低，与物理机转换过程的开销相当。当然，其劣势也很明显。首先，地址转换关系的建立开销很大，为保证地址转换的合法性，所有转换关系的建立，即虚拟机进程的页表修改都会在被拦截之后陷出到特权的 VMM 中代为执行；其次，影子页表本身需要占用内存，且一个影子页表只对应虚拟机内的一个进程，这使得整体会占用较多的内存资源。

EPT：后来的硬件针对虚拟化增加了嵌套页表的支持，使得硬件可以自动完成两层页表转换。EPT 即基于硬件支持的方案，在管理 GVA 到 GPA 的虚拟机页表的基础上，新增扩展页表管理 GPA 到 HPA 的映射。两层页表相互独立，两层映射关系转换都由硬件自动完成。图 1-1 所示为 EPT 基本原理，EPT 在原有 CR3 页表地址映射的基础上，引入了 EPT 页表来实现另一层映射，这样，GVA→GPA→HPA 的两次地址转换都由硬件来完成。其优势在于地址转换关系的建立开销低，独立的 EPT 页表的存在保证了地址转换的合法性，因此虚拟机的页表可以自行修改而无须 VMM 干预。当然，其劣势也很明显，就是转换过程的开销很大。

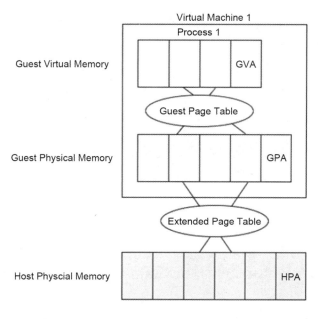

图 1-1 EPT 基本原理

（3）I/O 虚拟化。

I/O 虚拟化（Input/Output Virtualization，IOV）是来自物理连接或物理运输上层协议的抽象，可以让物理服务器和虚拟机共享 I/O 资源。为了提高资源的利用率，满足多台虚拟机操作系统对外部设备的访问需求，VMM 必须通过 I/O 虚拟化的方式来实现资源的复用，让有限的资源被多台虚拟机共享。监视器程序需要截获虚拟机操作系统对外部设备的访问请求，通过软件的方式模拟出真实的物理设备的效果，这样，虚拟机实际上看到的只是一个虚拟设备，而不是真正的物理设备。这种模拟的方式就是 I/O 虚拟化的一种实现，图 1-2 所示就是一个典型的虚拟机 I/O 模型。

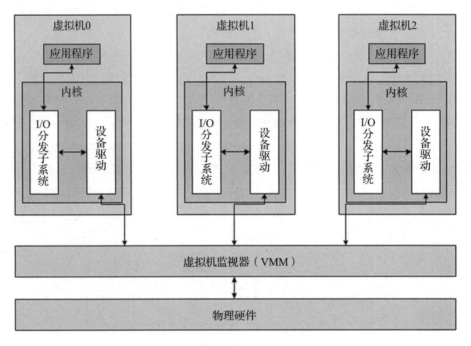

图 1-2　虚拟机 I/O 模型

每台虚拟机都运行独立的操作系统，都有各自的 I/O 子系统。I/O 虚拟化并不需要完整地虚拟化出全部外设的全部接口，具体怎样做完全取决于设备与 VMM 的策略，以及客户机操作系统的需求。

3. 服务器虚拟化的分类

根据虚拟化架构划分，服务器虚拟化分为裸金属和寄居；根据虚拟化层次划分，服务器虚拟化分为硬件辅助虚拟化和软件辅助虚拟化；根据虚拟化平台划分，服务器虚拟化分为全虚拟化和半虚拟化。

（1）裸金属和寄居。

未虚拟化的 x86 服务器架构，自下而上是物理硬件、操作系统、应用程序。裸金属（bare-metal）架构又叫作 bare-metal Hypervisor、Ⅰ 型，比较有代表性的产品是 VMware

ESXi。VMware ESXi 是 VMware 的企业级服务器虚拟化技术，本身是一个操作系统，直接安装在物理服务器上。在使用 VMware ESXi 时，需要先在物理服务器上安装 VMware ESXi，然后在 VMware ESXi 中创建各种虚拟硬件，再在虚拟机上安装操作系统，最后才能在这些操作系统中安装应用程序。寄居架构又叫作 Hosted Architecture、Ⅱ型，代表产品有 VMware Workstation。VMware Workstation 通常用于个人学习、测试，与 VMware ESXi 明显的区别在于，VMware ESXi 是操作系统，直接安装在物理硬件之上，而 VMware Workstation 是软件，需要安装在操作系统（一般是 Windows，也支持 Linux）中。

判断虚拟化类型是裸金属架构还是寄居架构，取决于虚拟化层，也就是 Hypervisor 所处的位置。寄居架构将 Hypervisor 以一个应用程序的方式安装运行于操作系统上，支持广泛的各种硬件的配置。裸金属架构将 Hypervisor 直接安装到干净的 x86 服务器上。裸金属架构相对于寄居架构效率更高（少了 Host OS 层），且具有更好的可扩展性和健壮性。通常企业级服务器虚拟化都是裸金属架构（效率更高），如主流的企业级服务器虚拟化 VMware ESXi、KVM、Xen、Hyper-V。

（2）硬件辅助虚拟化和软件辅助虚拟化。

根据 CPU 虚拟化的方式通常将服务器虚拟化技术分为硬件辅助虚拟化和软件辅助虚拟化两种。软件辅助虚拟化通过 Hypervisor 实现 CPU 虚拟化，硬件辅助虚拟化则借助硬件（如 CPU、芯片组、BIOS、Hypervisor）实现 CPU 虚拟化。常见的硬件辅助虚拟化技术有 Intel VT-x、AMD-V，它们和各自生产的 CPU 绑定，Intel CPU 只能用 Intel VT-x，AMD CPU 只能用 AMD-V。Intel VT 虚拟化技术包括分别针对处理器、芯片组、网络的 Intel VT-x、Intel VT-d 和 Intel VT-c 技术，以及显卡虚拟化 GVT 技术。

因为硬件辅助虚拟化效率更高，所以目前主流的企业级服务器虚拟化都采用硬件辅助虚拟化技术，如 Intel VT-x 或 AMD-V。注意，KVM 和 Hyper-V 仅支持硬件辅助虚拟化，不支持软件辅助虚拟化，而 VMware ESXi、Xen 和 VMware Workstation 两者都支持。

（3）全虚拟化和半虚拟化。

半虚拟化（Para-virtualization）和全虚拟化（Full-virtualization）直观的区别就是半虚拟化使用定制的 Gust OS，而全虚拟化使用普通的 x86 操作系统。半虚拟化使用定制的 Gust OS，虽然给维护带来极大的不便，但是其性能比较好。全虚拟化虽然开始使用软件辅助虚拟化，性能较低，但是随着技术的发展，后面通过硬件辅助虚拟化实现的全虚拟化性能已经极佳了。

事实上，当前主流的企业级服务器虚拟化技术都是裸金属架构，虽然 Xen 和 VMware ESXi 支持软件辅助虚拟化，但是一般情况下都会使用硬件辅助虚拟化，KVM 和 Hyper-V 只支持硬件辅助虚拟化。各厂商服务器虚拟化类型已经趋于一致，在选择服务器虚拟化技术时应更加关注各种服务器虚拟化技术的性能、稳定性、成熟性。图 1-3 所示为常见的虚拟化产品。

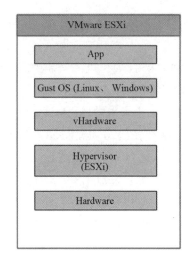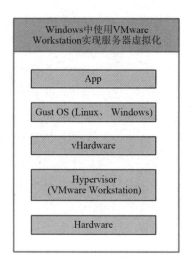

图 1-3　常见的虚拟化产品

### 1.3.2　网络虚拟化

网络虚拟化就是把网络层的一些功能从硬件中剥离出来，建立网络虚拟层。这使得应用本身无须关心很多传统意义上的网络信息，如路由、IP 等，这些网络信息由网络虚拟层来托管。而底层硬件的很多复杂的信息及配置也由网络虚拟层来托管。

网络虚拟技术可以解决虚拟接入问题。一般来说，虚拟机无法直接连接到接入交换机，此时可以采用一种叫作虚拟交换机（Virtual Ethernet Bridging，VEB）的方式来实现虚拟机连接到接入交换机。VEB 可以通过软件或硬件的方式来实现。VEB 技术不再使用传统的交换机进行虚拟机管理，而完全采用虚拟交换机取代传统交换机的角色，传统交换机只用来承载流量。这个方案使用虚拟交换机的方式解决虚拟接入问题，使用 VEB 技术解决虚拟通道问题。VEB 技术的代表是 Open vSwitch。在 Open vSwitch 中完全采用虚拟交换机的方式对虚拟交换机进行管理和流量控制，传统的物理交换机只用来连接网络节点。物理交换机的角色类似于传统的集线器（Hub），在物理交换机上不再进行任何网络配置，这导致 VEB 无法和已有的 L2 网络配置兼容。Open vSwitch 本身提供了强大的功能来替代传统的物理交换机，支持多种管理界面，包括远程管理等，支持 OpenFlow 协议。

网络虚拟化应用包括虚拟局域网（Virtual Local Area Network，VLAN）、虚拟专用网（Virtual Private Network，VPN）及虚拟网络设备等。VLAN 指管理员能够根据实际应用需求，把同一物理局域网内的不同用户，从逻辑上划分为不同的广播域，每一个 VLAN 相当于一个独立的局域网络。在同一个 VLAN 中的计算机用户可以互联互通，而在不同的 VLAN 中的计算机用户不能直接互联互通。只有通过配置路由等技术手段才能实现不同的 VLAN 中的计算机的互联互通。VPN 可以通过一个公用网络建立一个临时、安全的连接，是一条穿过混乱的公用网络的安全、稳定的隧道。使用这条隧道可以对数据进行几倍加密，以达到安全使用互联网的目的。VPN 对网络连接的概念进行了抽象，允许远程用户访问组织的内部网络，就像物理上连接到这个网络一样。网络虚拟化可以保护 IT 环境，防止来自 Internet 的威胁，同时使用户能够快速、安全地访问应用程序和数据。

### 1.3.3　存储虚拟化

存储虚拟化（Storage Virtualization）可以对存储硬件资源进行抽象化表现。存储虚拟化思想是将资源的逻辑映像与物理存储分开，从而为系统和管理员提供简化、无缝的资源虚拟视图。早期的存储虚拟化技术出现的主要目的是帮助用户对异构存储资源进行整合，以提高使用和管理效率。而近年来基于 SAN 的存储虚拟化技术，存储虚拟化技术越来越多地被应用于有效提升核心生产系统的业务连续性、数据安全性，以及跨存储阵列的数据迁移能力。由于虚拟存储不同类别之间的界限日渐模糊，使得存储虚拟化和服务器虚拟化之间的界限也日益模糊。存储虚拟化可能变为含服务器、网络，以及存储设备的分布式操作系统中的一种元素。

### 1.3.4　主流虚拟化解决方案

#### 1. VMware 的虚拟化产品

VMware，Inc.（Virtual Machine ware）是"虚拟 PC"软件公司，提供服务器、桌面虚拟化解决方案。VMware 软件原生集成计算、网络和存储虚拟化技术及自动化管理功能，支持企业革新其基础架构、自动化 IT 服务的交付和管理、运行云原生应用和微服务应用，提供了应用平台、云和边缘基础架构、安全和网络连接等解决方案和产品。比如，在云和边缘基础架构方案中，提出的超融合基础架构兼具传统数据中心存储、计算、网络连接和管理各个要素。该架构包括 vSphere、vSAN 和 NSX 等产品。vSphere 将应用程序和操作系统从底层硬件分离出来，以简化 IT 操作，包括 VMware vCenter Server、VMware vSphere Hypervisor（ESXi）等；vSAN 是一款为超融合基础架构解决方案提供支持的软件，vSAN 以独特的方式内嵌在 Hypervisor 中，可为超融合基础架构提供经过闪存优化的高性能存储；NSX 是网络虚拟化平台，用软件重现整个网络模式，实现在几秒内创建和调配从简单网络到复杂多层网络的网络拓扑。

#### 2. Linux 的 KVM

在部署 KVM 时，首先需要在物理服务器上安装 Linux，然后在 Linux 中安装 KVM。通常所说的 KVM，实际上是 KVM 和 Qemu 两种技术的结合。Qemu 本身是一种完整的寄居架构软件，采用二进制翻译的方式虚拟化 CPU，而 KVM 采用效率更高的硬件辅助虚拟化 CPU。KVM 只能虚拟化 CPU、内存，其他硬件（如网卡、硬盘）的虚拟化则是由 Qemu

来负责的。Qemu 是寄居架构，通俗来讲，Qemu 就是一个工作在 Linux 中的软件。而 KVM 则相当于"给 Linux 内核打了一个补丁"，将 Linux 部分内核转换为 Hypervisor，Linux 内核自然属于操作系统，因此 KVM 的 Hypervisor 既有寄居又有裸金属，是一种比较特殊的裸金属架构。

### 3. 微软的 Hyper-V

Hyper-V 是一种系统管理程序，能够实现桌面虚拟化。Hyper-V 采用微内核的架构，兼顾了安全性的要求。Hyper-V 采用基于 VMbus 的高速内存总线架构，来自虚拟机的硬件（如显卡、鼠标、磁盘、网络）请求，可以直接经过 VSC，通过 VMbus 总线发送到根分区的 VSP，VSP 调用对应的设备驱动直接访问硬件，中间不需要 Hypervisor 的帮助。Hyper-V 可以采用半虚拟化和全虚拟化两种方式创建虚拟机。半虚拟化方式要求虚拟机与物理主机的操作系统（通常是版本相同的 Windows）相同，以使虚拟机达到高的性能；全虚拟化方式要求 CPU 支持全虚拟化功能，以便能够创建使用不同的操作系统（如 Linux 和 mac OS）的虚拟机。

### 4. Citrix 的虚拟化产品

Citrix 即美国思杰公司，是一家致力于云计算与虚拟化、虚拟桌面和远程接入技术领域的高科技企业。Citrix XenDesktop 是一套桌面虚拟化解决方案，可以将 Windows 桌面和应用转变为一种按需服务，可以向在任何地点使用任何设备的任何用户交付。使用 Citrix XenDesktop，不仅可以安全地向 PC、MAC、平板设备、智能电话、笔记本电脑和瘦客户机交付单个 Windows、Web 和 SaaS 应用或整个虚拟桌面，而且可以为用户提供高清体验。Citrix Hypervisor 是针对 Citrix Virtual Apps 和 Desktops 工作负载高度优化的虚拟机管理程序平台。其核心功能包括 Xen Project 虚拟机管理程序、64 位控制域。通过 XenCenter GUI 可以进行多服务器管理。

### 5. Docker 的容器技术

Docker 是 dotCloud 开源的一个基于 LXC 的高级容器引擎，源代码托管在 GitHub 上，基于 Go 语言并遵从 Apache2.0 协议开源。Docker 使用客户机/服务器（C/S）架构模式，使用远程 API 来管理和创建 Docker 容器。Docker 容器通过 Docker 镜像来创建。其容器与镜像的关系类似于面向对象编程中的对象与类的关系。由于其基于 LXC 的轻量级虚拟化的特点，与 KVM 相比，Docker 明显的特点就是启动快且资源占用小。因此，Docker 既适合构建隔离的标准化运行环境、轻量级的 PaaS，又适合构建自动化测试和持续集成环境，以及一切可以横向扩展的应用。

## 1.4 VMware Workstation 概述

VMware 是云基础架构和移动商务解决方案厂商，可以提供服务器、桌面虚拟化的解决方案。VMware Workstation 是 VMware 公司的一款功能强大的桌面虚拟计算机软件，可以在 Windows 或 Linux 中运行并模拟一个基于 x86 的标准计算机环境。这个环境和真实的计算机一样，都有芯片组、CPU、内存、显卡、声卡、网卡、软驱、硬盘、光驱、串口、并口、USB 控制器、SCSI 控制器等设备，提供这个应用程序的界面就是虚拟机的显示器。在使用上，这台虚拟机和真正的物理主机没有太大的区别。它们都需要分区、格式化、安装操作系统、安装应用程序和软件。在 VMware Workstation 中，既可以在一个界面中加载一台虚拟机运行操作系统和应用程序，又可以在运行于桌面上的多台虚拟机之间切换，通过一个网络共享虚拟机挂起、恢复虚拟机，以及退出虚拟机。此外，也可以安全地与 vSphere、ESXi 或其他 Workstation 服务器连接，以启动、控制、管理虚拟机和物理主机。VMware Workstation 支持数百种操作系统，可以与云技术和容器技术协同工作，可以运行具有不同隐私设置、工具和网络连接配置的第二个安全桌面，或使用取证工具调查操作系统的漏洞。VMware 官方网站提供了多个经过预先配置的操作系统和应用程序的免费虚拟盘映像，以及对 VMware 虚拟硬盘和软盘映像文件进行挂装、操作及转换的免费工具。

项目实践

扫一扫
看微课

## 任务 1-1 VMware Workstation 的安装

从 VMware 官方网站上下载 VMware Workstation Pro 15。

### 1. 安装 VMware Workstation Pro 15

（1）双击 VMware Workstation 的软件安装图标，在安装向导界面中单击"下一步"按钮，如图 1-4 所示。

（2）在"最终用户许可协议"界面中先勾选"我接受许可协议中的条款"复选框，然后单击"下一步"按钮，如图 1-5 所示。

（3）先选择安装位置（可以选择默认位置），再勾选"增强型键盘驱动程序"复选框，最后单击"下一步"按钮，如图 1-6 所示。

（4）根据自身情况确定是否勾选"启动时检查产品更新"与"加入 VMware 客户体验提升计划"复选框，并单击"下一步"按钮，如图 1-7 所示。

图 1-4　VMware Workstation Pro 安装向导　　　　图 1-5　接受许可条款

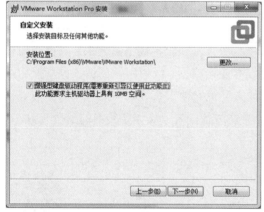

图 1-6　选择安装位置　　　　　　　　图 1-7　用户体验设置

（5）先分别勾选"桌面"和"开始菜单程序文件夹"复选框，然后单击"下一步"按钮，如图 1-8 所示。

（6）在一切准备就绪后，单击"安装"按钮，如图 1-9 所示。

图 1-8　选择快捷方式生成的位置　　　图 1-9　准备安装 VMware Workstation Pro 15

（7）进入安装过程，耐心地等待安装过程结束，如图 1-10 所示。

（8）大约数分钟后，便会安装完成，此时应单击"完成"按钮，如图 1-11 所示

图 1-10　等待安装完成

图 1-11　完成安装

2．安装虚拟机

（1）在安装完成后，管理界面如图 1-12 所示。选择"创建新的虚拟机"选项。

图 1-12　管理界面

（2）在弹出的"新建虚拟机向导"界面中先选中"典型"单选按钮，然后单击"下一步"按钮，如图 1-13 所示。

（3）在弹出的"安装客户机操作系统"界面中先选中"稍后安装操作系统"单选按钮，然后单击"下一步"按钮，如图 1-14 所示。如果要选中"安装程序光盘映像文件"单选按钮，需要把下载好的 RHEL8 的镜像文件选中，此时虚拟机将会通过默认的安装策略部署精

简的 Linux，而不再询问安装设置选项。

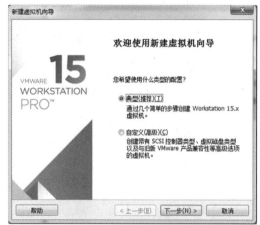

图 1-13　新建虚拟机向导

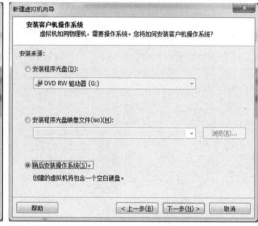

图 1-14　选择虚拟机的安装来源

（4）在弹出的"选择客户机操作系统"界面中设置"客户机操作系统"为 Linux，由于 VMware Workstation 15 目前暂时还没有对 RHEL8 做出支持的选项，所以在安装时操作系统的版本需要选择"其他 Linux4.x 或更高版本内核 64 位"选项以获得尽可能接近的固件支持，并单击"下一步"按钮。

（5）在弹出的"命名虚拟机"界面中先输入虚拟机名称，然后选择安装位置，最后单击"下一步"按钮，如图 1-16 所示。

图 1-15　选择客户机操作系统

图 1-16　命名虚拟机及设置安装位置

（6）在弹出的"指定磁盘容量"界面中将虚拟机系统的"最大磁盘大小"设置为 20GB（修改默认的 8GB），并单击"下一步"按钮，如图 1-17 所示。

（7）在弹出的"已准备好创建虚拟机"界面中单击"自定义硬件"按钮，如图 1-18 所示。

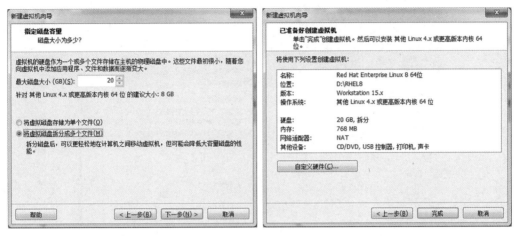

图 1-17　设置最大磁盘大小　　　　　　　　　图 1-18　自定义硬件

（8）在图 1-19 所示界面中，建议将虚拟机的内存设置为 2GB，最低不应低于 1GB。注意，没有必要将虚拟机的内存设置得太大。

图 1-19　设置虚拟机的内存

（9）根据物理机的性能设置处理器数量，以及每个处理器的内核数量，并开启虚拟化功能，如图 1-20 所示。

（10）选中"使用 ISO 映像文件"单选按钮，并单击"浏览"按钮，选择下载好的映像文件，如图 1-21 所示。

图 1-20　设置虚拟机处理器的参数

图 1-21　设置 ISO 映像文件

（11）虚拟机为用户提供了 3 种可选的网络模式，分别为桥接模式、NAT 模式与仅主机模式。这里将"网络适配器"设置为 NAT 模式，如图 1-22 所示。

图 1-22　设置虚拟机的网络适配器

桥接模式：相当于在物理主机与虚拟机网卡之间架设了一座桥梁，从而可以通过物理主机的网卡访问外网。

NAT 模式：让虚拟机的网络服务发挥路由器的作用，使得通过虚拟机软件模拟的主机可以通过物理主机访问外网。在物理主机中，"NAT 模式"模拟网卡对应的物理网卡是 VMnet8。

仅主机模式：仅让虚拟机内的主机与物理主机通信，不能访问外网。在物理主机中，"仅主机模式"模拟网卡对应的物理网卡是 VMnet1。

（12）在图 1-22 所示界面中还可以先选择"USB 控制器""声卡""打印机"等不需要的设备，并单击"移除"按钮，然后单击"确定"按钮，形成最终的虚拟机设置，如图 1-23 所示。

（13）返回"已准备好创建虚拟机"界面，单击"完成"按钮，虚拟机的安装和配置顺利完成，如图 1-24 所示。

图 1-23　最终的虚拟机设置的情况

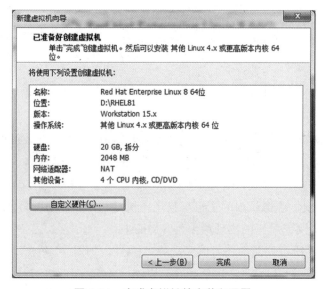

图 1-24　完成虚拟机的安装和配置

（14）当看到如图 1-25 所示界面时，就说明虚拟机已经被配置成功了。

图 1-25 虚拟机配置成功

扫一扫
看微课

# 任务 1-2　使用 VMware Workstation 部署虚拟机

### 1. 在虚拟机中安装 Red Hat Enterprise Linux 8.0

在安装 RHEL8 或 CentOS8 时，如果提示"CPU 不支持 VT 技术"等报错信息，请重启计算机进入 BIOS 中开启 VT 虚拟化功能。

（1）在虚拟机管理界面中单击"开启此虚拟机"按钮后可以看到 RHEL8 的安装界面，如图 1-26 所示。在界面中，Test this media & install Red Hat Enterprise Linux 8.0.0 和 Troubleshooting 的作用分别是校验光盘的完整性后再安装和启动救援模式。此时可以使用方向键选择 Install Red Hat Enterprise Linux 8.0.0 选项来直接安装 Linux。

（2）按回车键后开始加载并安装镜像文件，所需时间大约在数十秒，需要耐心等待。安装向导的初始化界面如图 1-27 所示。

（3）在选择系统的安装语言后，单击"继续"按钮，如图 1-28 所示。

（4）选择"软件选择"选项，如图 1-29 所示。

图 1-26　RHEL8 的安装界面

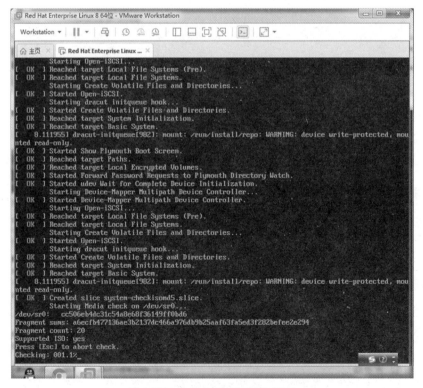

图 1-27　安装向导的初始化界面

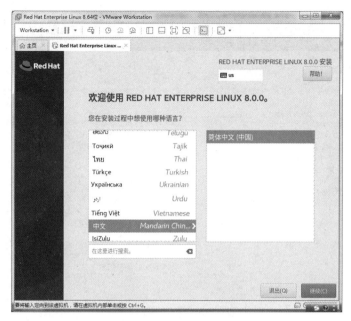

图 1-28　选择系统的安装语言

图 1-29　选择"软件选择"选项

（5）在 RHEL8 的软件选择界面中可以根据用户的需求来调整系统的基本环境，如将
Linux 用作基础服务器、文件服务器、Web 服务器或工作站等。此时，只需在界面中选中
"带 GUI 的服务器"单选按钮，并单击左上角的"完成"按钮即可，如图 1-30 所示。

（6）返回 RHEL8 的安装主界面，在选择"网络和主机名"选项后，设置"主机名"
为 RHEL8，并单击左上角的"完成"按钮，如图 1-31 所示。

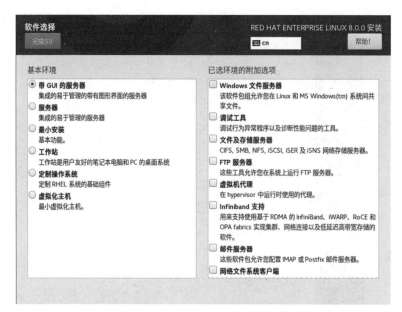

图 1-30　选择基本环境

图 1-31　设置网络和主机名

（7）返回安装主界面，先选择"安装目的地"选项，再选择系统安装介质并设置分区。此时不需要进行任何修改，单击左上角的"完成"按钮即可（此处选择自动配置分区，Linux 根据文件系统层次结构标准为不同的目录定义了不同的功能），如图 1-32 所示。

图 1-32　选择系统安装介质

（8）返回安装主界面，单击"开始安装"按钮后即可看到安装进度。选择"根密码"选项，如图 1-33 所示。

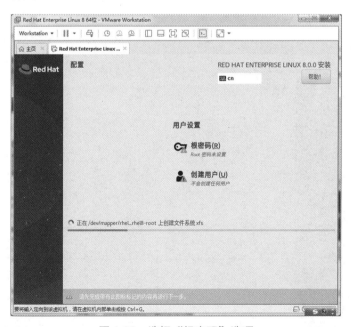

图 1-33　选择"根密码"选项

（9）设置 root 用户的密码。若坚持使用弱口令的密码，则需要单击两次左上角的"完成"按钮才可以确认,如图 1-34 所示。虽然在虚拟机中进行试验时不需要考虑密码的强弱,但是在生产环境中一定要使 root 用户的密码足够复杂。

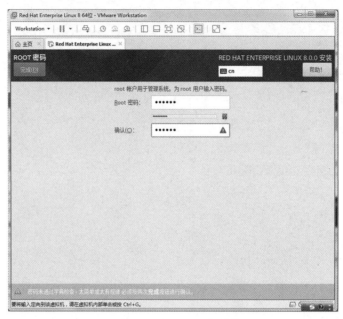

图 1-34  设置 root 用户的密码

(10) Linux 的安装过程一般需要较长时间。在安装期间应耐心等待,系统安装完成后单击"重启"按钮,如图 1-35 所示。

图 1-35  系统安装完成

（11）重启系统后将看到系统的初始化界面，在初始化界面中选择 License Information 选项，如图 1-36 所示。

图 1-36　系统的初始化界面

（12）勾选"我同意许可协议"复选框，并单击左上角的"完成"按钮，如图 1-37 所示。

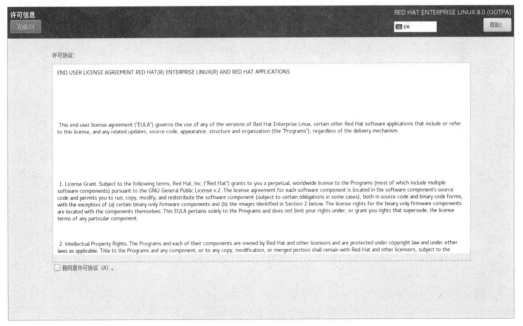

图 1-37　同意许可协议

（13）可以为 RHEL8 创建一个本地的普通用户，并单击右上角的"前进"按钮，如图 1-38 所示。

图 1-38　创建本地的普通用户

（14）分别设置语言和键盘布局，并单击右上角的"前进"按钮，如图 1-39 所示。

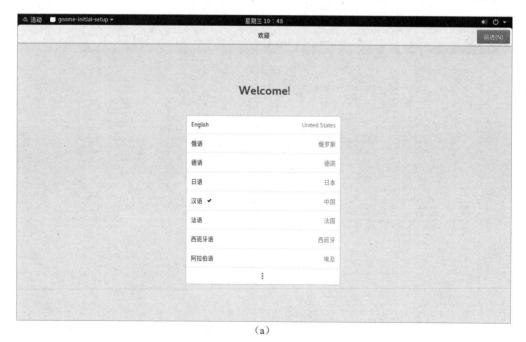

（a）

图 1-39　设置语言和键盘布局

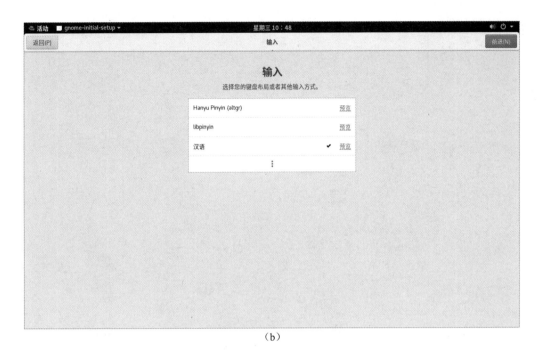

（b）

图 1-39　设置语言和键盘布局（续）

（15）在图 1-40 所示界面中设置位置服务，设置完成后单击右上角的"前进"按钮。

图 1-40　设置位置服务

（16）在图 1-41 所示界面中既可以连接在线账号，又可以直接单击右上角的"跳过"按钮。

图 1-41　连接在线账号

（17）当出现图 1-42 所示的系统欢迎界面时，就可以开始使用 Red Hat Enterprise Linux 8.0 了。

图 1-42　系统欢迎界面

## 课后练习

一、选择题

1. PaaS 云计算架构被称为（　　　）。

A．平台即服务 B．基础设施即服务

C．软件即服务 D．安装即服务

2. 不属于原生架构（裸金属架构）的虚拟化系统是（　　　）。

A．VMware Workstation B．ESX Server

C．微软的 Hyper-V D．H3C CAS

3. 云计算的部署模式是（　　　）。

A．私有云 B．社区云 C．公有云 D．混合云

4. 云计算的 3 种服务模式是（　　　）。

A．IaaS B．FaaS C．PaaS D．OaaS

E．SaaS

5. 将基础设施作为服务的云计算服务类型是（　　　）。

A．IaaS B．PaaS

C．SaaS D．以上都不是

二、简答题

1. 虚拟化技术与云计算的关系是什么？

2. 如何理解服务器虚拟化？

3. 什么是平台虚拟化技术？其中的全虚拟化（Full Virtualization）和半虚拟化（Partial Virtualization）的区别是什么？

4. 简述主流虚拟化技术及其市场占有率。

三、操作题

在 VMware Workstation 上安装一台名称为 rhel8 的虚拟机，系统为"带 GUI 的服务器"。

# 项目二

# Qemu-kvm 的安装和配置

扫一扫
看微课

## 学习目标

**一、知识目标**

（1）了解 Qemu-kvm 的技术原理。

（2）了解 Qemu-kvm 的功能列表。

（3）了解 KVM 的常用工具。

**二、技能目标**

（1）掌握如何使用 SSH 和 VNC 远程登录服务器。

（2）掌握如何使用 Qemu-kvm 搭建虚拟化环境。

（3）掌握如何使用 qemu-img 命令创建虚拟机磁盘。

**三、素质目标**

（1）坚持问题导向，推动理论创新；

（2）增强科技强国、技术报国的使命感。

## 项目描述

KVM 是目前热门的虚拟化方案，可以同时处理多个 Windows 或 Linux 的虚拟机。本项目主要介绍 KVM 的原理、Qemu 与 KVM 的关系、Qemu 工具，并通过实验搭建 KVM 虚拟化环境，创建虚拟机。

# 相关知识

## 2.1　KVM 及功能列表

　　KVM 全称是基于内核的虚拟机（Kernel-based Virtual Machine），是基于虚拟化扩展（如 Intel VT 或 AMD-V）的 x86 硬件的开源 Linux 原生全虚拟化解决方案。KVM 由 Quramnet 公司开发，该公司于 2008 年被 Red Hat 收购。从 Linux3.6.20 起 KVM 就被包含在 Linux 内核中。在 KVM 中，虚拟机是常规的 Linux 进程，由标准 Linux 调度程序进行调度。虚拟机的每个虚拟 CPU 都是一个常规的 Linux 线程，这使得 KVM 能够使用 Linux 内核的已有功能。一个普通的 Linux 内核有两种执行模式，分别为内核模式（Kenerl）和用户模式（User）。为了支持带有虚拟化功能的 CPU，KVM 向 Linux 内核增加了第 3 种模式，即客户机模式（Guest）。该模式对应 CPU 的 VMX non-root mode。Linux 内核执行模式如图 2-1 所示。

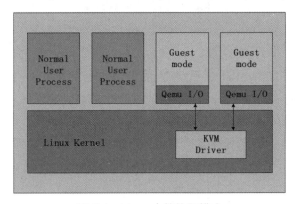

图 2-1　Linux 内核执行模式

KVM 支持的功能如下。

（1）支持 CPU 和 memory 超分（Overcommit）。

（2）支持半虚拟化 I/O（virtio）。

（3）支持热插拔（CPU、块设备、网络设备等）。

（4）支持对称多处理（Symmetric Multi-Processing，SMP）。

（5）支持实时迁移（Live Migration）。

（6）支持 PCI 设备直接分配和单根 I/O 虚拟化（SR-IOV）。

（7）支持内核同页合并（KSM）。

（8）支持 NUMA（Non-Uniform Memory Access，非一致存储访问结构）。

## 2.2　KVM 工具集合

KVM 的常用工具如下。

（1）virt-*：包括 virt-install（创建 KVM 虚拟机的命令行工具）、virt-viewer（连接到虚拟机屏幕的工具）、virt-clone（虚拟机克隆工具）、virt-top（虚拟机统计工具）等。

（2）libvirt：操作和管理 KVM 虚拟机的虚拟化 API，使用 C 语言编写，可以由 Python、Ruby、Perl、PHP、Java 等语言调用，并且可以操作包括 KVM、VMware、Xen、Hyper-V、LXC 等在内的多种 Hypervisor。

（3）virsh：基于 libvirt 的命令行工具（CLI）。

（4）virt-manager：基于 libvirt 的 GUI 工具。

（5）virt-v2v：虚拟机格式迁移工具。

（6）sVirt：安全工具。

## 2.3　Qemu-kvm

KVM 本身不执行任何硬件模拟，需要客户空间程序 Qemu 通过文件/dev/kvm 设置一个客户机虚拟服务器的地址空间，向 KVM 提供模拟的 I/O，并将 KVM 映射回宿主机的显示屏。Qemu 原本不是 KVM 的一部分，而是一个纯软件实现的虚拟化系统。Qemu 代码中包含整套的虚拟机的实现，包括处理器虚拟化、内存虚拟化，以及 KVM 需要使用的虚拟设备模拟（如网卡、显卡、存储控制器和硬盘等）。为了提高效率和简化代码，KVM 在 Qemu 的基础上进行了修改。虚拟机在运行期间，Qemu 会通过 KVM 模块提供的系统调用进入内核，由 KVM 负责将虚拟机置于处理的特殊模式开始运行。当遇到虚拟机进行 I/O 操作时，KVM 会从上次的系统调用出口处返回 Qemu，由 Qemu 来负责解析和模拟这些设备。Qemu-kvm 关系图如图 2-2 所示。

从 Qemu 的角度来看，Qemu 使用了 KVM 模块的虚拟化功能，使自己的虚拟机的硬件得以虚拟化加速，实现虚拟机的配置和创建、虚拟机运行依赖的虚拟设备、虚拟机运行时的用户环境和交互，以及一些虚拟机的特定技术，如动态迁移等。

Qemu-kvm 通过实施文件/dev/kvm 的一系列 ICOTL 命令控制虚拟机。一个 KVM 虚拟机即一个 Linux Qemu-kvm 进程，与其他 Linux 进程一样，其也被 Linux 进程调度器调度。KVM 虚拟机包括虚拟内存、虚拟 CPU 和虚拟 I/O 设备。其中，内存和 CPU 的虚拟化由 KVM 内核模块负责实现，I/O 设备的虚拟化由 Qemu 负责实现。KVM 虚拟机的内存是 Qemu-kvm 进程的地址空间的一部分。KVM 虚拟机的 vCPU 作为线程运行在 Qemu-kvm 进程的上下文中。Qemu-kvm 工作示意图如图 2-3 所示。

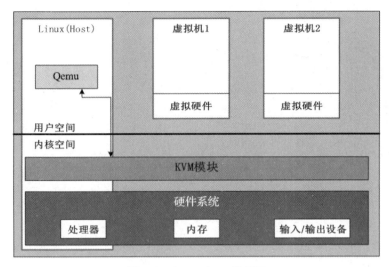

图 2-2　Qemu-kvm 关系图

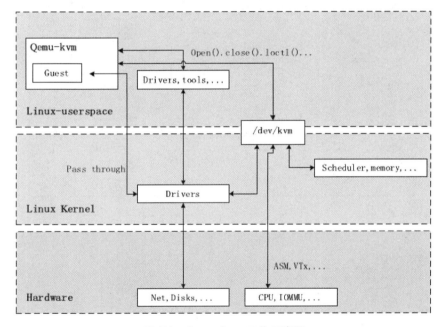

图 2-3　Qemu-kvm 工作示意图

KVM 实现客户机内存的方式是使用 mmap 系统调用，在 Qemu 主线程的虚拟地址空间中声明一段连续的空间用于客户机物理内存映射。客户机内存实现方式如图 2-4 所示。

KVM 在 I/O 虚拟化方面，传统或默认的方式是使用 Qemu 纯软件的方式来模拟 I/O 设备，包括键盘、鼠标、显示器，以及硬盘和网卡等。在模拟设备时，可能会使用物理设备来模拟，或使用纯软件来模拟。模拟设备只存在于软件中。使用 Qemu 模拟 I/O 设备如图 2-5 所示。

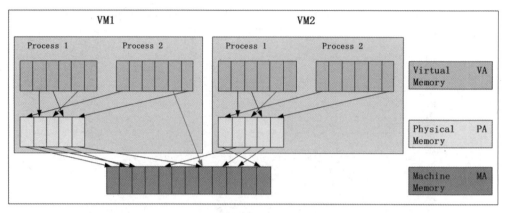

图 2-4　客户机内存实现方式

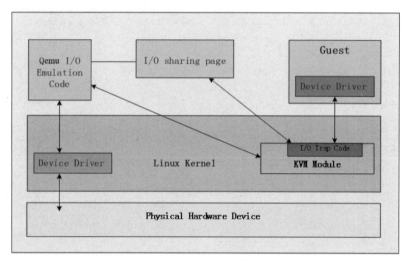

图 2-5　使用 Qemu 模拟 I/O 设备

# 任务 2-1　使用 SSH 远程登录 Linux 服务器

　　因为通常 Linux 服务器被安置在机房，所以系统管理员需要远程登录服务器进行运维和管理。现有两台计算机，其中一台主机的名称为 RHEL8-1，角色是服务器；另一台主机的名称为 RHEL8-2，角色是客户机。本例中两台虚拟机的网络配置方法均为 VMnet1。在 RHEL8 中已经默认安装了 sshd 服务程序。服务器和客户机的 IP 地址可以根据表 2-1 来设置。

表 2-1　服务器和客户机的操作系统及 IP 地址

| 主机名称 | 操作系统 | IP 地址 | 网络 |
|---|---|---|---|
| RHEL8-1 | RHEL8 | 172.24.2.10 | VMnet1 |
| RHEL8-2 | RHEL8 | 172.24.2.20 | VMnet1 |

### 1. 配置 sshd 服务

（1）检查是否安装了 SSH 相关服务，启动 SSH 相关服务和设置开机自启动。

```
[root@RHEL8-1 ~]#rpm -qa | grep ssh
[root@RHEL8-1 ~]#systemctl start sshd
[root@RHEL8-1 ~]#systemctl enable sshd
```

（2）为了方便演示，暂时关闭防火墙与 SElinux。

```
[root@RHEL8-1 ~]#systemctl stop firewalld.service
[root@RHEL8-1 ~]#setenforce 0
```

（3）为 RHEL8-2 远程连接 RHEL8-1，格式为"ssh[参数]主机 IP 地址"，exit 为退出登录。

```
[root@RHEL8-2 ~]#ssh 172.24.2.10
The authenticity of host '172.24.2.10 (172.24.2.10)' can't be established.
ECDSA key fingerprint is SHA256:YfgYDEhztFRUtZi1LSpqmqRSzGhxsKw052jmfr60/VM.
Are you sure you want to continue connecting (yes/no)? yes
Warning: Permanently added '172.24.2.10' (ECDSA) to the list of known hosts.
root@172.24.2.10's password:          //此处输入远程主机 root 管理员的登录密码
Web console: https://localhost:9090/
Last login: Thu Feb 18 21:38:21 2021 from 192.168.1.1
[root@RHEL8-1 ~]# exit
注销
Connection to 172.24.2.10 closed.
[root@RHEL8-2 ~]#
```

（4）选择禁止以 root 管理员的身份远程登录服务器，可以增强服务器的安全性。在服务器上打开 sshd 主配置文件，将第 46 行的 PermitRootLogin yes 改为 PermitRootLogin no，并重启服务，通过 RHEL8-2 在进行连接测试时可以发现系统提示不可访问的错误信息。

```
[root@RHEL8-1 ~]#vim /etc/ssh/sshd_config
…
#LoginGraceTime 2m
PermitRootLogin no
#StrictModes yes
[root@RHEL8-1 ~]#systemctl restart sshd
[root@RHEL8-2 ~]#ssh 172.24.2.10
root@172.24.2.10's password:          //此处输入远程主机 root 管理员的登录密码
Permission denied, please try again.
```

2. 安全密钥验证

在生产环境中，一般使用密钥验证方式。下面介绍以 user1 的身份登录服务器并进行验证的步骤。

（1）在服务器上建立 user1。

```
[root@RHEL8-1 ~]#useradd user1
[root@RHEL8-1 ~]#passwd user1
```

（2）在客户机上生成密钥对，查看公钥 id_rsa.pub 和私钥 id_rsa。

```
[root@RHEL8-2 ~]#ssh-keygen
Generating public/private rsa key pair.
Enter file in which to save the key (/root/.ssh/id_rsa):      //按回车键或设置密钥路径
Enter passphrase (empty for no passphrase):                  //按回车键或设置密钥密码
Enter same passphrase again:                                //按回车键或设置密钥密码
Your identification has been saved in /root/.ssh/id_rsa.
Your public key has been saved in /root/.ssh/id_rsa.pub.
The key fingerprint is:
SHA256:20DC1tcZZsmQ52uh3Klo+OIe0JtjEZGDrvaIWjeZdHk root@RHEL8-2
The key's randomart image is:
+---[RSA 2048]----+
|    ...   .++.    |
|    ..oo  .++o    |
|   .  =.o .oo     |
|    .o = .  o     |
|    .o = E. o +   |
|   o. = = +o =    |
| o.o= * .... o    |
| ..... oooo .     |
|o    oo+.         |
+----[SHA256]-----+
[root@RHEL8-2 ~]#cat /root/.ssh/id_rsa.pub
[root@RHEL8-2 ~]#cat /root/.ssh/id_rsa
```

（3）把客户机的公钥文件传送到远程主机上。

```
[root@RHEL8-2 ~]#ssh-copy-id user1@172.24.2.10
/usr/bin/ssh-copy-id: INFO: attempting to log in with the new key(s), to filter out any that are already installed
/usr/bin/ssh-copy-id: INFO: 1 key(s) remain to be installed -- if you are prompted now it is to install the new keys
user1@172.24.2.10's password:    //此处输入远程服务器的用户登录密码
Number of key(s) added: 1
Now try logging into the machine, with:    "ssh 'user1@172.24.2.10'"
and check to make sure that only the key(s) you wanted were added.
```

（4）在服务器上设置拒绝传统口令验证，只允许密钥验证。将第 73 行的 PasswordAuthentication yes 改为 PasswordAuthentication no，并重启服务。

```
[root@RHEL8-1 ~]#vim /etc/ssh/sshd_config
…
```

```
#PermitEmptyPasswords no
PasswordAuthentication no
[root@RHEL8-1 ~]#systemctl restart sshd
```

（5）在客户机上使用 user1 远程登录服务器，此时无须输入密码。使用 nmcli 命令查看 IP 地址是否为 RHEL8-1，以证明登录成功。

```
[root@RHEL8-2 ~]#ssh user1@172.24.2.10
Web console: https://localhost:9090/
Last failed login: Sat Feb 20 11:39:01 HKT 2021 from 172.24.2.20 on ssh:notty
There was 1 failed login attempt since the last successful login.
[user1@RHEL8-1 ~]$ nmcli
ens33: 已连接  to ens33
        "Intel 82545EM"
        ethernet (e1000), 00:0C:29:4C:AC:05, 硬件, mtu 1500
        inet4 172.24.2.10/24

...
//在服务器 RHEL8-1 上查看 RHEL8-2 的公钥是否传递，可以发现传递成功
[root@RHEL8-1 ~]# cat /home/user1/.ssh/authorized_keys
ssh-rsa AAAAB3NzaC1yc2EAAAADAQABAAABAQDnhd81xrDVMgrf2E1Qg2bMFfQnWplNNQpv9G2Qx
4Ks2Kvgg56aIzNb6d2HnGApMXuFg6ltue29FdEw8vfiCNOn+u0Be84dxJy8q9ltgKgrGER0MKME0c4DrlKyu
vSzbS7WPD3FsbJLbmwjZ5ytew9+8lj24zXWTLMNxqQ1zpLbXCZ/mWZzECA/XYonw06fpWx7FzWX3cSje
KBNg5KfO05z3oDqeTgNruoDS3qngpKBXIld+w0DAyt2u6RYhhKPpXf+OUZqHPEhi5jtlXwk0cPONHrQtnS
RpQeN4QIBhGZ80G/ic1C/1jpsRRdE2yflJTL5CYVCx50HZe+mEIA3+/3F root@RHEL8-2
```

### 3. 使用 scp 命令复制文件

（1）在客户机上先创建一个文件，再使用 scp 命令将本机文件复制到远程服务器上。

```
[user1@RHEL8-1 ~]$exit
[root@RHEL8-2 ~]#touch rhel8-2.txt
[root@RHEL8-2 ~]#scp rhel8-2.txt user1@172.24.2.10:/home/user1
rhel8-2.txt                              100%    0      0.0KB/s   00:00
Web console: https://localhost:9090/
```

（2）先使用服务器创建一个文件，再通过客户机使用 scp 命令将远程服务器上的文件复制到本机上。

```
[root@RHEL8-1 ~]#cd /home/user1
[root@RHEL8-1 user1]#touch rhel8-1.txt
[root@RHEL8-1 user1]#ls
rhel8-1.txt   rhel8-2.txt
[root@RHEL8-2 ~]# scp user1@172.24.2.10:/home/user1/rhel8-1.txt /root
rhel8-1.txt                              100%    0      0.0KB/s   00:00
[root@RHEL8-2 ~]# ls
公共  视频  文档  音乐  anaconda-ks.cfg       rhel8-1.txt   work2
模板  图片  下载  桌面  initial-setup-ks.cfg  rhel8-2.txt
```

## 任务 2-2　配置 VNC 环境并远程登录 Linux 服务器

由于 SSH 的远程登录方式是命令行操作管理的，所以如果系统管理员需要在桌面环境管理服务器，则一般选用基于 RFB 协议的图形远程管理软件 VNC。

在 Linux 安装软件包前，应部署软件仓库。RHEL8 使用 dnf 命令取代 yum 命令，源文件所在目录依旧为/etc/yum.repos.d，可以自行配置 repo 文件。其配置方式包括部署本地软件仓库和下载 repo 镜像源文件，如 EPEL、腾讯云、华为云、阿里云。本书将在不同任务中选择不同的镜像源文件。

本书中的其他任务如果涉及安装软件包，建议都先行确认软件仓库是否已经正确部署，在使用非本地软件源文件时，还需要确认宿主机是否能连接外网。

### 1. 部署本地软件仓库

在部署本地软件仓库时，应提前在光驱中放入 Linux 的安装光盘。

（1）挂载镜像到本地操作系统。

```
[root@RHEL8 ~]# mkdir /mnt/iso
[root@RHEL8 ~]# mount -o ro /dev/sr0 /mnt/iso
[root@RHEL8 ~]# ls /mnt/iso/BaseOS/      //列出如下内容说明仓库已准备好
Packages repodata
[root@RHEL8 ~]# ls /mnt/iso/AppStream/     //列出如下内容说明仓库已准备好
Packages repodata
```

（2）修改 repo 文件，指定本地软件存储库。

```
[root@RHEL8 ~]#cd /etc/yum.repos.d
[root@RHEL8 yum.repos.d]# vim local.repo
[BaseOS]
name=BaseOS
baseurl=file:///mnt/iso/BaseOS
enabled=1
gpgcheck=0
[AppStream]
name=AppStream
baseurl=file:///mnt/iso/AppStream
enabled=1
gpgcheck=0
```

（3）查看仓库验证是否成功。

| [root@RHEL8 yum.repos.d]# dnf repolist | | |
|---|---|---|
| 仓库标识 | 仓库名称 | 状态 |
| AppStream | Appstream | 4,672 |
| BaseOS | BaseOS | 1,658 |

## 2．Linux 服务器的环境设置

（1）使用 Linux 服务器设置可以通过 VNC 远程登录的桌面环境。

RHEL8 中安装 VNC 服务之前，应确保已安装了桌面环境。在 RHEL8 中，GNOME 是默认的桌面环境，可以使用以下命令对桌面环境进行安装配置。

```
[root@RHEL8 ~]#dnf groupinstall "workstation"
[root@RHEL8 ~]#systemctl set-default graphical
[root@RHEL8 ~]#reboot
```

在重启系统后，需要取消系统的配置文件/etc/gdm/custom.conf 中的 WaylandEnable=false 前面的注释符#，以使通过 VNC 进行的远程桌面会话请求由 GNOM 的 Xorg 处理，代替 Wayland 显示管理器。

```
[root@RHEL8 ~]#vim /etc/gdm/custom.conf
…
//Wayland 是 GNOME 中的默认显示管理器（GDM），未配置用于处理 Xorg 等远程渲染的 API
WaylandEnable=false
```

（2）在 RHEL8 中安装服务器端软件 tigervnc-server。

```
[root@RHEL8 ~]#dnf install tigervnc-server tigervnc-server-module -y
[root@RHEL8 ~]#rpm-q tigervnc-server
tigervnc-server-1.9.0-9.el8.x86_64
```

（3）配置 TigerVNC 服务器以在系统上为用户启动显示。创建一个配置文件/etc/systemd /system/vncserver@:1.service。

```
[root@RHEL8 ~]#vim /etc/systemd/system/vncserver@:1.service
[Unit]
Description=Remote desktop service (VNC)
After=syslog.target network.target
[Service]
Type=forking
# Clean any existing files in /tmp/.X11-unix environment
ExecStartPre=/bin/sh -c '/usr/bin/vncserver -kill %i > /dev/null 2>&1 || :'
ExecStart=/usr/sbin/runuser -l root -c "/usr/bin/vncserver %i"
PIDFile=/root/.vnc/%H%i.pid
ExecStop=/bin/sh -c '/usr/bin/vncserver -kill %i > /dev/null 2>&1 || :'
[Install]
WantedBy=multi-user.target
```

（4）临时关闭 SElinux 及防火墙。

```
[root@RHEL8 ~]# setenforce 0
[root@RHEL8 ~]# systemctl stop firewalld
```

（5）为 VNC 登录的用户设置密码并重启服务（这里密码设置为 123456）。

```
[root@ RHEL8-1 ~]# vncpasswd
Password:
```

Verify:

//注意，在提示"是否输入一个只能查看的密码"时，选择"否"，否则在连接 VNC 时会出现黑屏

Would you like to enter a view-only password (y/n)? **n**

A view-only password is not used

[root@ RHEL8 ~]# vim /etc/libvirt/qemu.conf

vnc_listen = "0.0.0.0"                                    //约第 66 页

vnc_password = "123456"                                  //约第 124 页

[root@RHEL8 system]#**systemctl daemon-reload**

[root@RHEL8 system]#**systemctl start vncserver@:1.service**

（6）使用 netstat 命令来验证 VNC 服务器是否开始监听 5901 端口上的请求。

[root@RHEL8-1 system]#**netstat -an | grep 5901**

| | | | | |
|---|---|---|---|---|
| tcp | 0 | 0 0.0.0.0:5901 | 0.0.0.0:* | LISTEN |
| tcp6 | 0 | 0 :::5901 | :::* | LISTEN |

> 注意：在默认情况下，VNC 使用 TCP 端口 5900+*N*，其中 *N* 是显示编号。如果显示编号为 1，则 VNC 服务器将在显示端口 5901 上运行。这是在从客户机连接到服务器时必须使用的端口。

（7）使用客户机的 VNCViewer 客户端连接 VNC 服务。

应确保两台机器处于同一个网络。本任务都选用了 VMnet1 主机模式的网络，其中 RHEL8-1 作为服务器，IP 地址是 172.24.2.10。在 RHEL8-2 中安装客户机的客户端软件 TigerVNC（见图 2-6），使用 vncviewer 命令连接 RHEL8-1 的 5901 端口。

[root@RHEL8-2 ~]# **dnf install tigervnc**

[root@RHEL8-2 ~]# **rpm -q tigervnc**

tigervnc-1.9.0-9.el8.x86_64

[root@RHEL8-2 ~]# **rpm -q tigervnc**

[root@RHEL8-2 ~]# **vncviewer 172.24.2.10:5901**

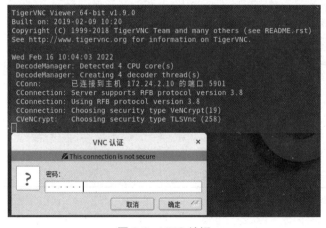

图 2-6　VNC 认证

### 3. 在 Windows 环境下使用 VNC 服务

下载 tightvnc-2.8.59-gpl-setup-64bit.ms 并安装，即可进入如图 2-7 所示的 New TightVNC Connection 界面。在界面中输入目标服务器的 IP 地址和端口，单击 Connect 按钮，即可进入如图 2-8 所示的密码输入界面。输入密码后单击 OK 按钮，即可进入如图 2-9 所示的远程服务器桌面环境。

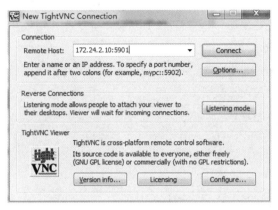

图 2-7　New TightVNC Connection 界面

图 2-8　密码输入界面

图 2-9　远程服务器桌面环境

## 任务 2-3　Qemu-kvm 虚拟化环境的搭建

扫一扫
看微课

本任务将选择在 RHEL8 中安装 KVM 相关组件并配置网络，实现"KVM+Qemu+libvirt"虚拟化环境。KVM 的主要软件组有如下几个。

扫一扫
看微课

- Virtualization：提供虚拟机的环境，主要有 Qemu-kvm。
- Virtualization Client：管理和安装虚拟机实例的客户端，主要有 python-virtinst、virt-manager、virt-viewer。
- Virtualization Platform：提供访问和控制虚拟客户端的接口，主要有 libvirt、libvirt-client。
- Virtualization Tools：管理离线虚拟机镜像的工具，主要有 libguestfs。

### 1. 配置软件仓库并安装相关软件包

先保留本地软件源，再添加镜像源（RHEL8 或 CentOS8 需联网）。

[root@RHEL8 ~]# curl -o /etc/yum.repos.d/CentOS-Base.repo
https://mirrors.aliyun.com/repo/Centos-vault-8.5.2111.repo

（1）若为虚拟化环境，需要开启 CPU 虚拟化，当要进入计算机的 BIOS 时，应设置 Virtualization Technology 选项。如果在 VMware Workstation 中，应在虚拟机关闭的情况下，选择"设置"→"处理器"→"虚拟化引擎"命令，并勾选相关虚拟化选项复选框。测试 CPU 是否支持虚拟化技术。

[root@RHEL8 ~]# **cat /proc/cpuinfo | grep 'vmx'**　　//如果出现 vmx 字样，表明系统支持虚拟化

（2）确认是否加载 KVM 模块。

```
[root@RHEL8 ~]# lsmod |grep kvm
kvm_intel           245760   0
kvm                 745472   1 kvm_intel
irqbypass            16384   1 kvm
```

（3）如果显示未加载 KVM 模块，则执行以下命令加载。

[root@RHEL8 ~]# **modprobe kvm**

（4）安装 KVM 相关软件包，其中 libvirt 软件包将会在后面任务中使用。

[root@RHEL8 ~]# **dnf install qemu-kvm qemu-img libvirt virt-manager libvirt-client virt-install virt-viewer**

（5）启动 libvirtd 服务并设置开机自启动。

[root@RHEL8 ~]# **systemctl start libvirtd**
[root@RHEL8 ~]# **systemctl enable libvirtd**

### 2. 添加 qemu-kvm 命令并查看相应选项

（1）先查看 qemu-kvm 命令的所在位置，再创建 qemu-kvm 命令的软链接。当然，也可以将 qemu-kvm 命令加入系统环境变量 PATH 中。

[root@RHEL8 ~]#**find / -type f -name 'qemu-kvm'**
/usr/libexec/qemu-kvm

（2）创建命令的软链接。

```
[root@RHEL8 ~]#cd /usr/bin
[root@RHEL8 bin]#ln -s /usr/libexec/qemu-kvm qemu-kvm
[root@RHEL8 bin]#qemu-kvm -help
Qemu emulator version 2.12.0 (qemu-kvm-2.12.0-63.module+el8+2833+c7d6d092)
Copyright (c) 2003-2017 Fabrice Bellard and the Qemu Project developers
WARNING: Direct use of qemu-kvm from the command line is not supported by Red Hat.
WARNING: Use libvirt as the stable management interface.
WARNING: Some command line options listed here may not be available in future releases.
usage: qemu-kvm [options] [disk_image]

'disk_image' is a raw hard disk image for IDE hard disk 0
```

```
Standard options:
-h or -help       display this help and exit
-version          display version information and exit
-machine [type=]name[,prop[=value][,...]]
                  selects emulated machine ('-machine help' for list)
                  property accel=accel1[:accel2[:...]] selects accelerator
                  supported accelerators are kvm, xen, hax, hvf, whpx or tcg (default: tcg)
…
```

　　从上述帮助文档中可以发现 3 条警告信息，警告信息的意思是目前 qemu-kvm 命令行的方式并不被红帽公司支持，主流的虚拟机管理方式应采用 libvirt。本项目简要介绍 qemu-kvm 命令的使用方法。libvirt 是用 Python 语言编写的通用的 API，不仅可以管理 KVM，而且可以管理 Xen。其管理工具 virsh 和 virt-manager 将在后续章节中介绍。在使用 qemu-kvm 命令创建虚拟机时可以指定主机类型、CPU 模式、NUMA、软驱设备、光驱设备及硬件设备等，命令格式如下。

```
qemu-kvm [options] [disk_image]
```

　　其中，options 是各种选项、参数，disk_image 是客户机的磁盘镜像文件（默认被挂载为第一个 IDE 磁盘设备）。options 的相关参数如下。

　　-cpu 参数：指定 CPU 模型，默认的 CPU 模型为 qemu64。

　　-smp 参数：-smp n[,scores=scores][,threads=threads][,sockets=sockets]，表示设置客户机总共有 n 个逻辑 CPU，并设置了其中 CPU 的 Socket 数量、每个 Socket 上的核心（core）数量、每个核心上的线程（thread）数量。

　　-m megs 参数：设置客户机内存为 megs MB。默认单位为 MB，也可以设置为 GB。

　　--mem-path path 参数：从 path 路径表示的临时文件中为客户机分配内存，主要是分配大页内存（如 2 MB 大页）。

　　-hda、-hdb 和-cdrom 等参数：设置客户机的 IDE 磁盘和光盘设备。例如，-hda centos7.img 表示将 centos7.img 镜像文件作为客户机的第一个 IDE 磁盘。

　　-drive 参数：详细地配置一个驱动。

　　-boot 参数：-boot [order=drives][,once=drives][,menu=on|off]，表示设置客户机启动的各种选项（如启动顺序等）。

　　-net nic 参数：为客户机创建一个网卡，凡是使用 Qemu-kvm 模拟的网卡作为客户机网络设备的情况都应该使用该参数。通常该参数与-net tap 参数连用。

　　-net user 参数：让客户机使用不需要管理员权限的用户模式网络。

　　-net tap 参数：使用宿主机的 TAP 网络接口来帮助客户机建立网络。使用网桥连接和 NAT 模式网络的客户机都会使用到-net tap 参数。

　　-vnc 参数：默认使用 VNC 的方式显示客户机。

　　-nographic 参数：让客户机以命令行的方式在当前终端界面启动显示。

-daemonize 参数：在启动时，让 Qemu-kvm 作为守护进程在后台运行。如果没有该参数，默认 Qemu-kvm 在启动客户机后就会占用标准输入/输出，直到客户机退出。

-name 参数：指定客户机的名称，可用于宿主机上唯一标识识别该客户机。

## 任务 2-4　使用 qemu-img 命令创建虚拟机硬盘并安装虚拟机

### 1. 使用 qemu-img 命令创建虚拟机硬盘

（1）使用 qemu-img 命令创建 qcow2 格式镜像文件，容量为 10GB。

```
[root@RHEL8 ~]#mkdir /opt/image
[root@RHEL8 ~]# qemu-img create -f qcow2 /opt/image/rhel6.qcow2 10G
Formatting '/opt/image/rhel6.qcow2', fmt=qcow2 size=10737418240 cluster_size=65536 lazy_refcounts=off
refcount_bits=16
[root@RHEL8 ~]# ll /opt/image
总用量 196
-rw-r--r--. 1 root root 196768 3 月　4 17:52 rhel6.qcow2
[root@RHEL8 ~]# du -h /opt/image/rhel6.qcow2
196K    /opt/image/rhel6.qcow2
```

（2）使用 qemu-img info 命令查看镜像信息。

```
[root@RHEL8 ~]# qemu-img info /opt/image/rhel6.qcow2
image: /opt/image/rhel6.qcow2
file format: qcow2
virtual size: 10G (10737418240 bytes)
disk size: 196K
cluster_size: 65536
Format specific information:
    compat: 1.1
    lazy refcounts: false
    refcount bits: 16
    corrupt: false
```

（3）要查看更多信息，可以查阅帮助文档。

```
[root@RHEL8 ~]# qemu-img -help
选项:
--create
-convert
Info
Snapshot
```

### 2. 安装虚拟机

（1）使用 wget 命令（或 FTP、Samba、虚拟机工具）将 Linux ISO 镜像到目录/opt/boot

中。这里的 wget 命令指示的镜像地址可以根据情况进行修改。如果从 Windows 往 Linux 传送镜像，可以使用 WinSCP、Xftp 等软件。

```
[root@RHEL8 ~]#mkdir -p /opt/boot/
[root@RHEL8 ~]# cd /opt/boot/
[root@RHEL8 boot]# wget https://archive.kernel.org/centos-vault/6.5/isos/x86_64/CentOS-6.5-x86_64-bin-DVD1.iso
```

（2）关闭防火墙，设置 SELinux。SELinux 在内核中执行的强制访问控制（MAC）安全结构，既可以使用 setenforce 0 命令临时禁用，又可以通过修改配置文件 SELINUX=disabled 永久禁用。

```
[root@RHEL8 ~]# systemctl stop firewalld.service      //关闭防火墙
[root@RHEL8 ~]# systemctl disable firewalld.service   //禁止防火墙开机启动
[root@RHEL8 ~]# setenforce 0
[root@RHEL8 ~]# cat /etc/sysconfig/selinux
SELINUX=disabled
```

（3）使用 qemu-kvm 命令创建 1GB RAM、1 个 CPU 核心、1 个网卡和 10GB 磁盘空间的 CentOS6 虚拟机。

```
[root@RHEL8 ~]# ll /opt/image
总用量 196
-rw-r--r--. 1 root root 196768 3 月      4 17:52 rhel6.qcow2
[root@RHEL8 ~]# qemu-kvm -name "centos6" -m 1024 -smp 2 -boot d -drive file=/opt/image/rhel6.qcow2,
if=virtio,index=0,media=disk,format=qcow2 -drive file=/opt/boot/CentOS-6.5-x86_64-bin-DVD1.iso,
index=1,media=cdrom -net nic,model=virtio,macaddr=52:54:00:A6:71:83
qemu-kvm: warning: vlan 0 is not connected to host network
VNC server running on ::1:5900
```

（4）当前服务器已经启动 VNC 服务。在虚拟机创建后，本地模拟 VNC 连接。

```
[root@RHEL8 ~]# vncviewer :5900
```

（5）进入如图 2-10 所示的 CentOS6 的安装提示界面，安装完成后重启即可。

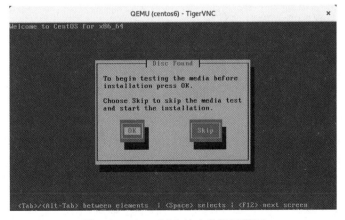

图 2-10　CentOS6 的安装提示界面

# 课后练习

一、选择题

1. 在 KVM 创建虚拟机的过程中客户机可以通过（　　）进入图形界面安装。

A. VNC-viewer　　　B. KVM-viewer　　　C. VNC-view　　　D. KVM-view

2. 系统管理员要在服务器上安装 KVM 服务的前提条件是（　　）。

A. 检查 CPU 是否支持虚拟技术

B. 在 BIOS 中开启 Virtual Technologe 支持

C. Linux 的版本为 64 位

D. Linux 的版本为 32 位

3. 以下哪项是对虚拟机的最佳描述？（　　）

A. 执行虚拟化软件测试程序的物理机

B. 通过软件实施的计算机，可以像物理机一样执行程序

C. 一种旨在提供网络故障切换和故障恢复功能的计算机工具

D. 一种软件计算机，其中封装了物理硬件

4. 关于虚拟化的描述，不正确的是（　　）。

A. 虚拟化指计算机元件在虚拟基础上而不是真实基础上运行

B. 虚拟化技术可以扩展硬件的容量，简化软件的重新配置过程

C. 虚拟化技术不能将多个物理服务器虚拟成一个服务器

D. CPU 的虚拟化技术可以实现单个 CPU 模拟多个 CPU 运行，允许一个平台同时运行多个操作系统

二、简答题

1. Qemu-kvm 的工作原理是什么？

2. Qemu 工具有哪些？有什么作用？

3. 请画出 KVM 和 Qemu 的架构图。

三、实操题

使用 Qemu-kvm 创建一台 CentOS6.5 的虚拟机。要求虚拟机硬盘格式为 qcow2、容量为 8GB，并且虚拟机具有 1GB 内存和 1 个 CPU 核心。

# 项目三

# libvirt 创建和管理虚拟机

扫一扫
看微课

## 学习目标

一、知识目标

（1）了解 libvirt 的作用及架构。

（2）了解 libvirt 工具集及配置文件。

二、技能目标

（1）掌握使用 libvirt 部署虚拟机的方法。

（2）掌握使用 virsh 命令创建和管理虚拟机的方法。

（3）掌握使用 virsh 命令管理网络的方法。

（4）掌握使用 virsh 命令管理存储池的方法。

（5）掌握使用 virsh 命令迁移虚拟机的方法。

三、素质目标

（1）增强合作意识、精益求精的职业素养；

（2）培养严谨细致、精益求精的新时代工匠精神。

## 项目描述

KVM 管理工具 libvirt 对 Qemu-kvm 命令进行了封装，封装后的命令比原生的命令更高效。本项目介绍 libvirt 命令行工具 virsh，使用 virsh 命令创建和管理虚拟机、管理网络、管理存储池，以及迁移虚拟机的方法。

## 3.1  libvirt 简介

libvirt 是管理虚拟化平台的开源工具之一。它提供统一、稳定、开放的源代码的应用程序接口（API）、守护进程（libvirtd）和一个默认的命令行管理工具（virsh），可以用于管理 KVM、Xen、VMware ESX、Qemu 和其他虚拟化技术。目前，libvirt 已经是使用十分广泛的虚拟机管理工具和应用程序接口，常用虚拟机管理工具（如 virsh、virt-install、virt-manager 等）和云计算框架平台（如 OpenStack 等）都使用 libvirt。

### 1. 应用程序接口

应用程序接口（API）为不同的虚拟化技术方案提供统一的接口。其通过封装原始的 C 库，实现了多种编程语言的接口，并对目前在应用层编程中常用的协议进行封装，形成不同的协议库，以方便在应用层编程中调用。在表 3-1 中列出了 libvirti API 管理的主要对象。

表 3-1  libvirti API 管理的主要对象

| 主要对象 | 说明 |
| --- | --- |
| Domain（域） | 运行在由 Hypervisor 提供的虚拟机器上的一个操作系统实例（常常指一台虚拟机）或用来启动虚拟机的配置 |
| Hypervisor | 一个虚拟化主机的软件层 |
| Node（主机） | 一台物理服务器 |
| Storage pool（存储池） | 一组存储媒介的集合，如物理硬盘驱动器。一个存储池被划分为多个小的容器，被称作卷。卷会被分给一个或多个虚拟机 |
| Volume（卷） | 一个从存储池分配的存储空间。一个卷会被分给一个或多个域，常常成为域中的虚拟硬盘 |

### 2. 守护进程

守护进程（libvirtd）主要实现以下功能。

- 远程代理：所有 remote client 发送过来的命令，由远程代理进程监测执行。
- 本地环境初始化：libvirtd 服务的启动和停止、用户连接的响应等。
- 根据环境注册各种 Driver（如 Qemu、Xen、Storage 等）的实现：不同虚拟化技术以 Driver 的形式实现，由于 libvirt 对外提供的是统一的接口，所以各个 Driver 要实现这些接口，即将 Driver 注册到 libvirt 中。

### 3. virsh 工具集

virsh 工具集使用 libvirt API 封装，以命令行的方式提供对外接口。使用 virsh 命令可以实现 libvirt 的全部功能。此外，另一种实现 libvirt 功能的工具 virt-manager 将在项目四中介绍，管理器的图形界面可以使用 virt-manager 开启。

## 3.2　libvirt 框架

libvirt 分为 3 个层次结构，如图 3-1 所示。

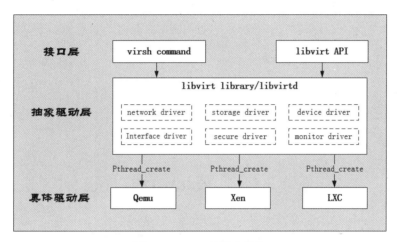

图 3-1　libvirt 的层次结构

libvirt 将直接在 shell 中输入的底层命令操作进行了抽象封装，给应用程序开发人员提供了统一、易用的接口。使用 virsh 命令或 API 接口创建虚拟机的 4 个步骤如下。

（1）使用 virsh 命令或 API 接口创建虚拟机（接口层）。virsh create vm.xml 或 virDomainPtr virDomainCreateXML (virConnectPtr conn,const char * xmlDesc, unsigned int flags)。

（2）调用 libvirt 提供的统一接口（抽象驱动层）。conn→Driver→domainCreateXML(conn, xmlDesc,flags)。此处的 domainCreateXML 即抽象的统一接口，这里不需要关心底层的 Driver 是 KVM 还是 Xen。

（3）调用底层的相应虚拟化技术的接口（具体驱动层）。domainCreateXML = qemuDomainCreateXML;。如果 Driver=Qemu，那么此处就将调用的 Qemu 注册到抽象驱动层上的 qemuDomainCreateXML 函数。

（4）拼装 shell 命令并执行。以 Qemu 为例，qemuDomainCreateXML 首先会拼装一条创建虚拟机的命令（如 qemu -hda disk.img），然后通过创建一个新的线程来执行命令。

# 3.3　网桥

网桥工作在 OSI 模型中的第二层链路层，以完成数据帧（frame）的转发，主要目的是在连接的网络之间提供透明的通信。网桥依据数据帧中的源地址和目的地址来判断一个数据帧是否应转发和转发到哪个端口。由于网桥是在数据帧上进行转发的，因此网桥只能连接相同或相似的网络，如以太网与以太网、以太网与令牌环（token ring）的互联。

虽然网桥互联扩大了网络的规模，提高了网络的性能，但是网桥互联也带来了不少问题。首先是广播风暴的问题，网桥不阻挡网络中的广播消息，当网络的规模较大时有可能引起广播风暴；其次是安全性问题，当内部网络与外部网络互联时，网桥会把内部和外部网络合二为一，使其成为一个网，这时双方都会自动向对方完全开放自己的网络资源。

 项目实践

## 任务 3-1　安装 libvirt 软件包

扫一扫
看微课

在部署 Qemu-kvm 环境时，已经安装过相关服务器虚拟化组件。如果尚未安装，可以参考如下步骤。

（1）添加镜像源（RHEL8/CentOS8 需联网）。本地软件仓库参考任务 2-2。

```
[root@RHEL8 ~]# curl -o /etc/yum.repos.d/CentOS-Base.repo https://mirrors.aliyun.com/repo/Centos-vault-8.5.2111.repo
```

（2）测试 CPU 是否支持虚拟化技术。

```
[root@RHEL8 ~]# cat /proc/cpuinfo | grep 'vmx'     //如果出现 vmx 字样，表明系统支持虚拟化技术
```

（3）确认是否加载 KVM 模块。

```
[root@RHEL8 ~]# lsmod |grep kvm
kvm_intel             245760   0
kvm                   745472   1 kvm_intel
irqbypass             16384    1 kvm
```

（4）如果没有加载，则执行以下命令加载 KVM 模块。

```
[root@RHEL8 ~]# modprobe kvm
```

（5）安装 KVM 相关软件包，其中 libvirt 软件包等将在后续任务中使用到。

```
[root@RHEL8 ~]# dnf install qemu-kvm qemu-img libvirt virt-manager libvirt-client virt-install virt-viewer
```

（6）启动 libvirtd 服务并设置开机自启动。

```
[root@RHEL8 ~]# systemctl start libvirtd
[root@RHEL8 ~]# systemctl enable libvirtd
```

# 任务 3-2 使用 virt-install 命令创建虚拟机

扫一扫
看微课

virt-install 命令能够为 KVM、Xen 或其他支持 libvrit API 的 Hypervisor 创建虚拟机并完成 GuestOS 的安装。在安装过程中，可以使用本地的安装介质如 CDROM，也可以通过网络方式如 NFS、HTTP 或 FTP 服务实现。virt-install 命令的用法及相关参数如下。

用法：virt-install [参数] …

参数：

-h：查看帮助。

-n NAME：指定虚拟机的名称。

-r MEMORY：指定虚拟机的内存用量。

-u UUID：指定虚拟机的唯一通用标识符（Universally Unique Identifier，UUID）。当省略这个参数时，virt-install 命令将会自动产生。

--vcpus=VCPUS：指定虚拟机的虚拟 CPU（Virtual CPU、VCPU）数量。

-f DISKFILE：指定虚拟磁盘的文件路径名称。

-s DISKSIZE：指定虚拟磁盘的大小。这个参数需配合-f 参数使用，表示虚拟磁盘的大小，单位是 GB。

-m MAC：指定虚拟机的网络卡的硬件地址。当省略这个参数时，virt-install 命令将自动产生。

-p（--paravirt）：以半虚拟化的方式建立虚拟机。

--hvm：使用全虚拟化技术。

-l：LOCATION 指定安装来源。

--arch：CPU 架构。

-c CDROM：设置光盘的镜像路径。

--import：导入现有的虚拟机。

--os-type=TYPE：指定系统类型（如 Linux、Windows）。

--disk=DISKOPTS：设置虚拟磁盘。

例如，创建一个 Hypervisor 为 KVM、名称为 rhel6-1、内存为 512MB、磁盘容量为 2GB 的虚拟机，虚拟机的磁盘格式为 qcow2。注意，安装的镜像文件 CentOS-6.5-x86_64-bin-DVD1.iso 已经下载到目录/opt/boot 中。

```
[root@RHEL8 ~]#cd /opt/image;qemu-img create -f qcow2 rhel6-1.qcow2 2G
[root@RHEL8 ~]#virt-install --virt-type=kvm --name rhel6-1 --ram 512 --vcpus=1 --os-variant=rhel6 --
cdrom=/opt/boot/CentOS-6.5-x86_64-bin-DVD1.iso --network=bridge=virbr0,model=virtio --graphics vnc
--disk path=/opt/image/rhel6-1.qcow2,bus=virtio,format=qcow2
```

使用 virt-install 命令进行的操作较为复杂，本例中为生成名称为 rhel6-1 的配置文件
将继续进行任务 3-3。通过上述命令，系统会在目录/etc/libvirt/qemu/中生成 rhel6-1 的 XML
配置文件。使用 XML 配置文件可以对模板进行修改并创建新的虚拟机。

# 任务 3-3  客户机 XML 配置文件格式及配置信息

扫一扫
看微课

进入默认放置虚拟机配置文件的目录/etc/libvirt/qemu，查看文件信息。

```
[root@RHEL8 ~]#cd /etc/libvirt/qemu
[root@RHEL8 qemu]# ls
networks    rhel6-1.xml
```

其中，rhel6-1.xml 是使用 virt-install 命令创建 rhel6-1 的 XML 配置文件。在该域中，
XML 配置文件的所有有效配置都在<domain>和</domain>标签之间，又被称为域的配置。
查看 XML 配置文件可以发现，rhel6-1 包含 CPU、内存、系统类型和启动顺序等基本设
置，以及桥接、NAT 模式、用户模式、存储、域、元数据、模拟器、图形显示方法、声卡
和显卡、串口和控制台、输入设备和 PCI 控制器等设置。rhel6-1.xml 的主要内容注释信息
如下。

```
[root@RHEL8 qemu]# cat rhel6-1.xml
<!--                    //提示信息
WARNING: THIS IS AN AUTO-GENERATED FILE. CHANGES TO IT ARE LIKELY TO BE
OVERWRITTEN AND LOST. Changes to this xml configuration should be made using:
  virsh edit rhel6-1
or other application using the libvirt API.
-->
//用 KVM 创建的虚拟机被称为 domain，type 定义使用哪台虚拟机的管理程序，type 值可以是 Xen、
//KVM、Qemu、LXC、kQemu
<domain type='kvm'>
  <name>rhel6-1</name>    //name 定义虚拟机的名称。名称由字母和数字组成，不包含空格
  //uuid 表示全球唯一，在 Linux 下可以用 uuidgen 命令生成
  <uuid>1e93588a-40ef-4b50-877b-b3f6a6ba6435</uuid>
  <metadata>
    <libosinfo:libosinfo xmlns:libosinfo="http://libosinfo.org/xmlns/libvirt/domain/1.0">
      <libosinfo:os id="http://redhat.com/rhel/6.0"/>
    </libosinfo:libosinfo>
```

```
</metadata>
//memory 定义可以分配到的最大内存。内存单位由 unit 定义，可以是 K、KiB、M、MiB、G、GiB、
//T、TiB。默认内存单位是 KiB。
<memory unit='KiB'>524288</memory>
//currentMemory 定义实际分给客户机的内存。可以通过使用 virsh setmem 命令调整内存，但不能
//大于最大可使用内存
<currentMemory unit='KiB'>524288</currentMemory>
<vcpu placement='static'>1</vcpu>      //vcpu 定义为虚拟机最多分配几个 CPU
//操作系统的启动情况
   <os>
      //arch 指定虚拟机的 CPU 构架；machine 指定机器的类型；hvm 表明 OS 被设计为直接运行在裸金
      //属上，需要全虚拟化
      <type arch='x86_64' machine='pc-i440fx-rhel7.6.0'>hvm</type>
      //dev 属性值可以是 fd、hd、cdrom、network；boot 可以被设置多个，用来建立一个启动优先规则
      <boot dev='hd'/>
   </os>
//Hypervisor 的处理器特性
   <features>
      //Hypervisor 允许打开或关闭特定的 CPU 或机器特性，所有特性都在 fearures 中，下面介绍一些在
      //全虚拟化中的常用标记
      <acpi/>
      <apic/>     //apic 用于电源管理
   </features>
   <cpu mode='host-model' check='partial'>
      <model fallback='allow'/>
   </cpu>
//客户机的时间初始化来自宿主机的时间，大多数操作系统期望硬件时钟保持 UTC 格式，UTC 也是
//默认格式，即客户机时钟同步到 UTC 时钟，可以修改为 localtime，localtime 是引导客户机时钟同
//步到主机时钟所在的时区
<clock offset='utc'>
      <timer name='rtc' tickpolicy='catchup'/>
      <timer name='pit' tickpolicy='delay'/>
      <timer name='hpet' present='no'/>
</clock>
<on_poweroff>destroy</on_poweroff>     //当客户机请求 poweroff 时，执行特定的动作
//当客户机请求 reboot 时，执行特定的动作，restart 表示 domain 被终止，并以相同的配置重启
<on_reboot>restart</on_reboot>
<on_crash>destroy</on_crash>     //当客户机崩溃时，执行的动作
<pm>
   <suspend-to-mem enabled='no'/>
   <suspend-to-disk enabled='no'/>
</pm>
```

```
<devices>    //设备定义开始，所有设备都是一个名称为 devices 的子设备
  <emulator>/usr/libexec/qemu-kvm</emulator>    //模拟元素，用于 KVM 的 Guest
//所有设备看起来就像一个 disk、floppy、cdrom 或一个 paravirtualized driver，它们通过一个 disk
//指定。type 的特性包括 file、block、dir、network，device 的特性包括 floppy、disk、cdrom、lun，
//默认是 disk。在 disk 的 type 是 dir 时，dir 指定一个全路径的目录作为 disk；在 disk 的 type 是
//network 时，protocol 指定协议用来访问镜像，镜像值可以是 nbd、rbd、sheepdog
  <disk type='file' device='disk'>
    <driver name='qemu' type='qcow2'/>
    //在 disk 的 type 是 file 时，file 指定一个合格的全路径文件映像作为客户机的磁盘；在 disk 的
    //当 type 是 block 时，dev 指定一个主机设备的路径作为 disk
    <source file='/opt/image/rhel6-1.qcow2'/>
    //dev 表明本地磁盘在客户机上的实际名称，因为实际设备的名称指定并不能保证映射到客户
    //机 OS 上的设备。bus 指定哪种类型的磁盘被模拟，bus 属性值主要有 ide、scsi、virtio、xen、
    //usb、sata
    <target dev='vda' bus='virtio'/>
    <address type='pci' domain='0x0000' bus='0x00' slot='0x06' function='0x0'/>
  </disk>
  <disk type='file' device='cdrom'>
    <driver name='qemu' type='raw'/>
    <target dev='hda' bus='ide'/>
    <readonly/>
    <address type='drive' controller='0' bus='0' target='0' unit='0'/>
  </disk>
  <controller type='usb' index='0' model='ich9-ehci1'>
    <address type='pci' domain='0x0000' bus='0x00' slot='0x04' function='0x7'/>
  </controller>
  <controller type='usb' index='0' model='ich9-uhci1'>
    <master startport='0'/>
    <address type='pci' domain='0x0000' bus='0x00' slot='0x04' function='0x0' multifunction='on'/>
  </controller>
  <controller type='usb' index='0' model='ich9-uhci2'>
    <master startport='2'/>
    <address type='pci' domain='0x0000' bus='0x00' slot='0x04' function='0x1'/>
  </controller>
  <controller type='usb' index='0' model='ich9-uhci3'>
    <master startport='4'/>
    <address type='pci' domain='0x0000' bus='0x00' slot='0x04' function='0x2'/>
  </controller>
  <controller type='pci' index='0' model='pci-root'/>
  <controller type='ide' index='0'>
    <address type='pci' domain='0x0000' bus='0x00' slot='0x01' function='0x1'/>
  </controller>
```

```
<controller type='virtio-serial' index='0'>
    <address type='pci' domain='0x0000' bus='0x00' slot='0x05' function='0x0'/>
</controller>
```
//虚拟机网络的连接方式，此处使用网桥类型。确保每个 KVM 的 Guest 的 MAC 地址唯一
```
<interface type='bridge'>
    <mac address='52:54:00:28:42:1f'/>
```
//桥接的设备名称，使用默认的虚拟网络代替网桥，即 Guest 为 NAT 模式。当然也可以省略 MAC
//地址，这样将自动生成 MAC 地址
```
    <source bridge='virbr0'/>
```
//在采用普通的驱动时，即硬盘和网卡都采用默认配置情况下，网卡工作在模拟的 rtl 8139 的模式
//下，速度为 100MiB 全双工。在采用 virtio 驱动时，网卡工作在 1000MiB 的模式下
```
    <model type='virtio'/>
    <address type='pci' domain='0x0000' bus='0x00' slot='0x03' function='0x0'/>
</interface>
```
//串行端口
```
<serial type='pty'>
    <target type='isa-serial' port='0'>
        <model name='isa-serial'/>
    </target>
</serial>
<console type='pty'>
    <target type='serial' port='0'/>
</console>
<channel type='unix'>
    <target type='virtio' name='org.qemu.guest_agent.0'/>
    <address type='virtio-serial' controller='0' bus='0' port='1'/>
</channel>
<input type='tablet' bus='usb'>
    <address type='usb' bus='0' port='1'/>
</input>
```
//input 含有一个强制的属性 type，type 属性值可以是 mouse 或 tablet
```
<input type='mouse' bus='ps2'/>
```
//bus 指定一个明确的设备类型，bus 属性值可以是 xen、ps2、usb
```
<input type='keyboard' bus='ps2'/>
```

//graphics 含有一个强制的属性 type，type 属性值可以是 sdl、vnc、rdp、desktop、spice
```
<graphics type='vnc' port='-1' autoport='yes'>
    <listen type='address'/>
</graphics>
```
//video 表示描述声音设备的容器。为了向后完全兼容，如果没有设置 video 但是有 graphics 在
//XML 配置文件中，这时 libvirt 会按照客户机的类型增加一个默认的 video
```
<video>
```

```
      <model type='qxl' ram='65536' vram='65536' vgamem='16384' heads='1' primary='yes'/>
      <address type='pci' domain='0x0000' bus='0x00' slot='0x02' function='0x0'/>
   </video>
   <memballoon model='virtio'>
      <address type='pci' domain='0x0000' bus='0x00' slot='0x07' function='0x0'/>
   </memballoon>
 </devices>    //设备定义结束
</domain>      //KVM 定义结束
```

# 任务 3-4　使用 virsh 命令创建和管理虚拟机

扫一扫
看微课

virsh 命令可用于管理虚拟机。使用 virsh 命令可以进行创建、销毁、迁移等整个生命周期的操作。表 3-2 给出了 virsh 的常用命令。

扫一扫
看微课

表 3-2　virsh 的常用命令

| 常用命令 | 说明 |
| --- | --- |
| quit | 结束 virsh，回到 shell |
| connect | 连接到指定的虚拟机服务器 |
| create | 启动新的虚拟机 |
| destroy | 删除虚拟机 |
| start | 开启（已定义的）非启动的虚拟机 |
| define | 根据 XML 配置文件定义虚拟机 |
| undefine | 取消定义的虚拟机 |
| dumpxml | 转存虚拟机的设置值 |
| list | 列出虚拟机 |
| reboot | 重启虚拟机 |
| save | 存储虚拟机的状态 |
| restore | 回复虚拟机的状态 |
| suspend | 暂停执行虚拟机 |
| resume | 继续执行虚拟机 |
| dump | 将虚拟机的内核转存到指定的文件，以便进行分析与排错 |
| shutdown | 关闭虚拟机 |
| setmem | 修改内存的大小 |
| setmaxmem | 设置内存的最大值 |
| setvcpus | 修改虚拟处理器的数量 |

virsh 命令有两个工作模式，分别为交互模式和非交互模式。使用交互模式可以先连接到相应的 Hypervisor，然后输入命令得到结果，直到退出为止。使用非交互模式可以先在建立连接的 URL 后执行命令，然后将结果返还终端界面并断开。可以在 RHEL8 上练习使用 vish 命令，IP 地址可以根据表 3-3 来设置。

表 3-3　服务器和客户机使用的操作系统及 IP 地址

| 主机名称 | 操作系统 | IP 地址 | 备注 |
| --- | --- | --- | --- |
| RHEL8 | RHEL8 | 172.24.2.10 | 宿主机 |
| RHEL6-1 | RHEL6 | 使用 NAT 模式与主机共享网络 | 虚拟机 |

### 1. 使用 virsh 的交互模式

```
[root@RHEL8 ~]# virsh -c qemu+ssh://root@172.24.2.10/system
The authenticity of host '172.24.2.10 (172.24.2.10)' can't be established.
ECDSA key fingerprint is SHA256:YfgYDEhztFRUtZi1LSpqmqRSzGhxsKw052jmfr60/VM.
Are you sure you want to continue connecting (yes/no)? yes
root@172.24.2.10's password:
欢迎使用 virsh，虚拟化的交互式终端。
输入：'help' 来获得命令的帮助信息
      'quit' 退出
virsh#quit
```

使用 virsh 命令，也可以直接连接本机的 Hypervisor。

```
[root@RHEL8 ~]# virsh
欢迎使用 virsh，虚拟化的交互式终端。
输入：'help' 来获得命令的帮助信息
      'quit' 退出
virsh#quit
[root@RHEL8 ~]#
```

### 2. 使用 virsh 的非交互模式

```
[root@RHEL8 ~]# virsh --help                      //查看命令帮忙

[root@RHEL8 ~]# virsh list --all                  //显示所有虚拟机
[root@RHEL8 ~]# virsh start    rhel6-1            //开启 rhel6-1
[root@RHEL8 ~]# virsh shutdown    rhel6-1         //关闭 rhel6-1
 [root@RHEL8 ~]# virsh list                        //显示正在运行的虚拟机
[root@RHEL8 ~]# virsh suspend    rhel6-1          //挂起 rhel6-1
[root@RHEL8 ~]# virsh resume    rhel6-1           //恢复挂起的 rhel6-1
[root@RHEL8 ~]# virsh dominfo    rhel6-1          //查看 rhel6-1 的配置信息
[root@RHEL8 ~]# virsh domiflist                   //查看网卡的配置信息
[root@RHEL8 ~]# virsh domblklist    rhel6-1       //查看 rhel6-1 的磁盘位置
[root@RHEL8 ~]# virsh edit    rhel6-1             //修改 rhel6-1 的 XML 配置文件
```

```
[root@RHEL8 ~]# virsh dumpxml    rhel6-1                //查看 KVM 虚拟机的当前配置
//KVM 物理机开机自启动虚拟机，配置后会在此目录生成配置文件/etc/libvirt/qemu/autostart/ rhel6-1.xml
 [root@RHEL8 ~]# virsh autostart    rhel6-1
[root@RHEL8 ~]# virsh autostart --disable    rhel6-1        //取消开机自启动
```

rhel6-1 需要开启与启动高级配置和电源管理接口（Advanced Configuration and PowerInterface），才能用 virsh 工具对其进行 shutdown 操作。在前面的操作 virsh shutdown rhel6-1 中可能并未关闭虚拟机。进入 RHEL6-1，安装 Acpid 服务。

```
[root@RHEL6-1 ~]# yum install acpid -y    // 需要在 RHEL6-1 中部署软件仓库
[root@RHEL6-1 ~]# rpm -q acpid
acpid-2.0.30-2.el8.x86_64
[root@RHEL6-1~]# service acpid start
[root@RHEL6-1 ~]# chkconfig acpid on
Created symlink /etc/systemd/system/multi-user.target.wants/acpid.service  →  /usr/lib/systemd/system/acpid.service.
Created symlink /etc/systemd/system/sockets.target.wants/acpid.socket  →  /usr/lib/systemd/system/acpid.socket.
```

如果 rhel6-1 不安装 ACPI 协议，可以采用下面的方法强制关闭虚拟机的电源。

```
[root@RHEL8 ~]# virsh destroy rhel6-1    //这是删除虚拟机的方式，不过仅在 virsh list 中删除。
```

### 3. 使用 virsh 创建 rhel6-2

（1）创建一个新的容量为 10GB 的磁盘 rhel6-2.qcow2。

```
[root@RHEL8 ~]#qemu-img create -f qcow2 rhel6-2.qcow2 10g
[root@RHEL8 ~]#ls
```

（2）备份新的配置文件 rhel6-2.xml。

```
[root@RHEL8 ~]# cd /etc/libvirt/qemu/
[root@RHEL8 qemu]#ls
networks    rhel6-1.xml
[root@RHEL8 qemu]# virsh dumpxml rhel6-1 > rhel6-2.xml
```

（3）使用备份的配置文件 rhel6-2.xml 生成 rhel6-2。

需要修改配置文件中的特定信息，如<name></name>定义的虚拟主机的名称，<uuid></uuid>定义的虚拟主机唯一的序列编号，<mac address/>定义的 MAC 的地址等。下面使用 uuidgen 命令随机生成新的 uuid 替换原来的 uuid。

```
[root@RHEL8 qemu]#uuidgen
e6f05df0-97fe-402c-b814-2eb5e3d5f80f
[root@RHEL8 qemu]#vim rhel6-2.xml
<!--
WARNING: THIS IS AN AUTO-GENERATED FILE. CHANGES TO IT ARE LIKELY TO BE
OVERWRITTEN AND LOST. Changes to this xml configuration should be made using:
  virsh edit rhel6-2
or other application using the libvirt API.
-->
<domain type='kvm'>
```

```
<name>rhel6-2</name>                                    //修改虚拟机的名称
<uuid>e6f05df0-97fe-402c-b814-2eb5e3d5f80f</uuid>       //修改 uuid
<metadata>
  <libosinfo:libosinfo xmlns:libosinfo="http://libosinfo.org/xmlns/libvirt/domain/1.0">
    <libosinfo:os id="http://redhat.com/rhel/6.0"/>
  </libosinfo:libosinfo>
</metadata>
<memory unit='KiB'>1048576</memory>
<currentMemory unit='KiB'>1048576</currentMemory>
<vcpu placement='static'>1</vcpu>
<os>
  <type arch='x86_64' machine='pc-i440fx-rhel7.6.0'>hvm</type>
  <boot dev='cdrom'/>                                   //修改启动顺序
</os>
<features>
  <acpi/>
  <apic/>
</features>
<cpu mode='host-model' check='partial'>
  <model fallback='allow'/>
</cpu>
<clock offset='utc'>
  <timer name='rtc' tickpolicy='catchup'/>
  <timer name='pit' tickpolicy='delay'/>
  <timer name='hpet' present='no'/>
</clock>
<on_poweroff>destroy</on_poweroff>
<on_reboot>restart</on_reboot>
<on_crash>destroy</on_crash>
<pm>
  <suspend-to-mem enabled='no'/>
  <suspend-to-disk enabled='no'/>
</pm>
<devices>
  <emulator>/usr/libexec/qemu-kvm</emulator>
  <disk type='file' device='disk'>
    <driver name='qemu' type='qcow2'/>
    <source file='/opt/image/rhel6-2.qcow2'/>           //修改磁盘映像
    <target dev='vda' bus='virtio'/>
    <address type='pci' domain='0x0000' bus='0x00' slot='0x06' function='0x0'/>
  </disk>
  <disk type='file' device='cdrom'>
```

```
    <source file='/opt/boot/CentOS-6.5-x86_64-bin-DVD1.iso'/>        //修改安装镜像
    <driver name='qemu' type='raw'/>
    <target dev='hda' bus='ide'/>
    <readonly/>
    <address type='drive' controller='0' bus='0' target='0' unit='0'/>
</disk>
<controller type='usb' index='0' model='ich9-ehci1'>
    <address type='pci' domain='0x0000' bus='0x00' slot='0x04' function='0x7'/>
</controller>
<controller type='usb' index='0' model='ich9-uhci1'>
    <master startport='0'/>
    <address type='pci' domain='0x0000' bus='0x00' slot='0x04' function='0x0' multifunction='on'/>
</controller>
<controller type='usb' index='0' model='ich9-uhci2'>
    <master startport='2'/>
    <address type='pci' domain='0x0000' bus='0x00' slot='0x04' function='0x1'/>
</controller>
<controller type='usb' index='0' model='ich9-uhci3'>
    <master startport='4'/>
    <address type='pci' domain='0x0000' bus='0x00' slot='0x04' function='0x2'/>
</controller>
<controller type='pci' index='0' model='pci-root'/>
<controller type='ide' index='0'>
    <address type='pci' domain='0x0000' bus='0x00' slot='0x01' function='0x1'/>
</controller>
<controller type='virtio-serial' index='0'>
    <address type='pci' domain='0x0000' bus='0x00' slot='0x05' function='0x0'/>
</controller>
<interface type='bridge'>
    <mac address='52:54:00:4b:9a:56'/>
    <source bridge='virbr0'/>
    <model type='virtio'/>
    <address type='pci' domain='0x0000' bus='0x00' slot='0x03' function='0x0'/>
</interface>
<serial type='pty'>
    <target type='isa-serial' port='0'>
        <model name='isa-serial'/>
    </target>
</serial>
<console type='pty'>
    <target type='serial' port='0'/>
</console>
```

```
<channel type='unix'>
  <target type='virtio' name='org.qemu.guest_agent.0'/>
  <address type='virtio-serial' controller='0' bus='0' port='1'/>
</channel>
<input type='tablet' bus='usb'>
  <address type='usb' bus='0' port='1'/>
</input>
<input type='mouse' bus='ps2'/>
<input type='keyboard' bus='ps2'/>
<graphics type='vnc' port='-1' autoport='yes'>          //如果 port='-1'，则代表使用默认端口
  <listen type='address'/>
</graphics>
<video>
  <model type='qxl' ram='65536' vram='65536' vgamem='16384' heads='1' primary='yes'/>
  <address type='pci' domain='0x0000' bus='0x00' slot='0x02' function='0x0'/>
</video>
<memballoon model='virtio'>
  <address type='pci' domain='0x0000' bus='0x00' slot='0x07' function='0x0'/>
</memballoon>
  </devices>
</domain>
```
//由于 XML 配置文件创建的虚拟机在关闭后将消失，因此它是一种临时创建的模式。
[root@RHEL8 qemu]#**virsh create rhel6-2.xml**

如果要永久创建虚拟机，则需要使用 define 命令。

[root@RHEL8 ~]#**virsh define rhel6-2.xml**
[root@RHEL8 ~]#**virsh list --all**
[root@RHEL8 ~]#**virsh start rhel6-2**

如果需要删除虚拟机，则需要使用 undefine 命令。

[root@RHEL8 ~]# **virsh undefine   rhel6-1**                          //删除虚拟机，慎用

# 任务 3-5　使用 virsh 命令管理网络

扫一扫
看微课

在安装好 libvirt 后，系统会自动生成一个默认的虚拟网络，名称为 default。在本任务中，可以通过 virsh 提供的命令进行网络管理。

## 1. 查看虚拟网络

在终端界面中输入命令 virsh　help network，查看网络相关命令，如表 3-4 所示。

表 3-4 virsh 下的网络相关命令

| | |
|---|---|
| net-autostart | 自动开始网络 |
| net-create | 根据 XML 配置文件创建网络 |
| net-define | 定义非活动状态的虚拟网络或根据 XML 配置文件修改现有的虚拟网络 |
| net-destroy | 销毁（停止）网络 |
| net-dhcp-leases | 为给定网络打印租约信息 |
| net-dumpxml | XML 配置文件中的网络信息 |
| net-edit | 为网络编辑 XML 配置文件进行配置 |
| net-event | 网络事件 |
| net-info | 网络信息 |
| net-list | 列出网络 |
| net-name | 把网络 uuid 转换为网络名称 |
| net-start | 启动（以前定义的）不活跃的网络 |
| net-undefine | 取消定义虚拟网络 |
| net-update | 更新现有的网络配置部分 |
| net-uuid | 把网络名称转换为网络 uuid |

查看虚拟网络代码如下。

```
[root@RHEL8 ~]# virsh net-list --all
 名称                状态     自动开始   持久
-----------------------------------------------------------
 default            活动     是         是
[root@RHEL8 ~]# virsh net-list          //查看所有正在运行的虚拟网络
[root@RHEL8 ~]# virsh net-info default   //查看名称为 default 的虚拟网络
名称:        default
UUID:        1307f9b7-06b1-4c52-a9b9-d90175c70798
活跃:        是
持久:        是
自动启动:    是
桥接:        virbr0
```

默认的虚拟网络 default 的 XML 配置文件在目录/etc/libvirt/qemu/networks 中。

```
[root@RHEL8 ~]#cd /etc/libvirt/qemu/networks
[root@RHEL8 network]#ls
autostart   default.xml
[root@RHEL8 network]#cat default.xml
<network>
  <name> default </name>                    //default 为虚拟网络的名称
```

```
<bridge name="virbr0"/>
<forward mode="nat"/>
<ip address="192.168.122.1" netmask="255.255.255.0">
    <dhcp>
        <range start="192.168.122.2" end="192.168.122.254"/>                    </dhcp>
    </ip>
</network>
```

可以看到虚拟网络 default 搭建在网桥 virbr0 上，网桥 virbr0 既是在安装 libvirt 时自动产生的虚拟网络接口，又是 Switch 和 Bridge，负责把内容分发到各个虚拟机中。修改 rhel6-2 的 XML 配置文件中 interface 的内容如下。

```
<interface type='network'>
    <mac address='52:54:00:c7:18:b5'/>
    <source network='default'/>
    <model type='virtio'/>
    <address type='pci' domain='0x0000' bus='0x00' slot='0x03' function='0x0'/>
```

这里的 rhel6-2 使用默认的虚拟网络 default，经验证 rhel6-2 可以动态获取虚拟网络 default 定义的 192.168.122.2～192.168.122.254 之间的一个 IP 地址。

2. 管理虚拟网络

```
[root@RHEL8 ~]# virsh net-destroy default          //强制关闭名称为 default 的虚拟网络
网络 default 被删除
[root@RHEL8 ~]# virsh net-start default          //启动名称为 default 的虚拟网络
网络 default 已开始
//设置名称为 default 的虚拟网络，若真机开机则自动运行
[root@RHEL8 ~]# virsh net-autostart default          //网络 default 标记为自动启动
//取消名称为 default 的虚拟网络，若真机开机则自动运行
[root@RHEL8 ~]# virsh net-autostart --disable default     //网络 default 取消标记为自动启动
[root@RHEL8 ~]# cd /etc/libvirt/qemu/networks          //切换路径，定义名称为 default 的虚拟网络
[root@RHEL8 networks]# ls
autostart    default.xml
[root@RHEL8 networks]# virsh net-define default.xml     //从 default 定义网络 default.xml
[root@RHEL8 networks]#cd /etc/libvirt/qemu/network;cp default.xml default.xml.bak
```

注意：由于使用 undefine 命令会删除配置文件，因此应将虚拟网络配置文件 default.xml 进行备份

```
//取消定义名称为 default 的虚拟网络（也就是把 default 虚拟网络从 KVM 中删除）
[root@RHEL8 ~]# virsh net-undefine default          //网络 default 已经被取消定义
```

# 任务 3-6　使用 virsh 命令管理存储池

存储池是虚拟机的存储位置，虚拟机放在存储池的存储卷上。存储池可以是本地目录，也可以是通过远端磁盘阵列（如 iSCSI、NFS）分配过来磁盘，还可以是其他各类分布式文件系统。使用 virsh 命令中的 pool 命令能够查看、创建、激活、注册、删除存储池。在终端界面中输入命令 virsh　help pool，可以查看存储池相关命令，如表 3-5 所示。

表 3-5　virsh 下的存储池相关命令

| | |
| --- | --- |
| find-storage-pool-sources-as | 找到潜在的存储池源 |
| find-storage-pool-sources | 发现潜在的存储池源 |
| pool-autostart | 自动启动某个池 |
| pool-build | 建立池 |
| pool-create-as | 从变量中创建池 |
| pool-create | 根据 XML 配置文件创建池 |
| pool-define-as | 在变量中定义池 |
| pool-define | 定义非活动的池或根据 XML 配置文件修改现有的池 |
| pool-delete | 删除池 |
| pool-destroy | 销毁（删除）池 |
| pool-dumpxml | XML 配置文件中的池信息 |
| pool-edit | 为存储池编辑 XML 配置文件进行配置 |
| pool-info | 存储池信息 |
| pool-list | 列出池 |
| pool-name | 将池 uuid 转换为池名称 |
| pool-refresh | 刷新池 |
| pool-start | 启动（以前定义的）不活跃的池 |
| pool-undefine | 取消定义不活跃的池 |
| pool-uuid | 把池名称转换为池 uuid |
| pool-event | 池事件 |

使用 virsh pool-list 命令查看当前系统的存储池。默认 KVM 将存储池的配置文件存放于目录/etc/libvirt/storage 中。

```
[root@RHEL8 ~]# virsh pool-list
 名称              状态          自动开始
---------------------------------------
 boot              活动          是
 default           活动          是
```

```
image                    活动      是
[root@RHEL8 ~]# cd /etc/libvirt/storage/
[root@RHEL8 storage]# ls
autostart   boot.xml   default.xml   image.xml
```

使用 cat 命令查看 image.xml 配置文件中的信息。

```
[root@RHEL8 storage]# cat image.xml
<!--
WARNING: THIS IS AN AUTO-GENERATED FILE. CHANGES TO IT ARE LIKELY TO BE
OVERWRITTEN AND LOST. Changes to this xml configuration should be made using:
  virsh pool-edit image
or other application using the libvirt API.
-->
<pool type='dir'>
  <name>image</name>
  <uuid>2e3b53ab-85e6-4aad-8c6d-cbea0a9604da</uuid>
  <capacity unit='bytes'>0</capacity>
  <allocation unit='bytes'>0</allocation>
  <available unit='bytes'>0</available>
  <source>
  </source>
  <target>
    <path>/opt/image</path>
  </target>
</pool>
```

在 image.xml 配置文件中，pool type='dir' 表示存储池的类型是 dir（目录），capacity 是容量，available 是可用容量。

例如，通过修改存储池的 XML 配置文件，在 RHEL8 中创建存储池 lvm_p，并对其进行管理。

（1）在 RHEL8 中添加两个磁盘，分别为 sdb 和 sdc，作为物理卷。本任务通过 VMware Workstation 添加两个内存为 102MB 的磁盘。

先使用 fdisk 命令查看磁盘的添加情况，再使用 partprobe 命令重新读取分区信息。

```
[root@RHEL8 ~]# fdisk -l
…
Disk /dev/sdb：102 MiB，106954752 字节，208896 个扇区
单元：扇区 / 1 * 512 = 512 字节
扇区大小(逻辑/物理)：512 字节 / 512 字节
I/O 大小(最小/最佳)：512 字节 / 512 字节
Disk /dev/sdc：102 MiB，106954752 字节，208896 个扇区
单元：扇区 / 1 * 512 = 512 字节
扇区大小(逻辑/物理)：512 字节 / 512 字节
```

```
I/O 大小(最小/最佳)：512 字节 / 512 字节
…
[root@RHEL8 ~]# partprobe /dev/sdb
[root@RHEL8 ~]# partprobe /dev/sdc
[root@RHEL8 ~]# lsblk
NAME              MAJ:MIN RM    SIZE RO TYPE MOUNTPOINT
sda               8:0     0     30G   0 disk
├─sda1            8:1     0     1G    0 part /boot
└─sda2            8:2     0     29G   0 part
  ├─rhel-root 253:0  0    26G   0 lvm  /
  └─rhel-swap 253:1  0    3G    0 lvm  [SWAP]
sdb               8:16    0     102M  0 disk
sdc               8:32    0     102M  0 disk
sr0               11:0    1     6.6G  0 rom  /mnt/iso
```

（2）将磁盘 sdb 和 sdc 创建为物理卷，并将磁盘 sdb 添加到卷组 lvm_p 中。

```
[root@RHEL8 ~]# lsblk
[root@RHEL8 ~]# pvcreate /dev/sdb
  Physical volume "/dev/sdb" successfully created.
[root@RHEL8 ~]# pvcreate /dev/sdc
  Physical volume "/dev/sdc" successfully created.
[root@RHEL8 ~]# vgcreate lvm_p /dev/sdb
  Volume group "lvm_p" successfully created
[root@RHEL8 ~]# vgs
  VG    #PV #LV #SN Attr   VSize     VFree
  lvm_p  1   0   0 wz--n- 100.00m 100.00m
  rhel   1   2   0 wz--n- <29.00g       0
```

（3）创建 lvm_p 存储池的 XML 配置文件 lvm_p.xml。将新的存储卷的位置更改到 /opt/image 中，将 pool 的类型从默认的 dir 更改为 logical，即 lvm 类型。

```
[root@RHEL8 ~]# cd /etc/libvirt/storage/
[root@RHEL8 storage]# cp default.xml lvm_p.xml
[root@RHEL8 storage]# vim lvm_p.xml
[root@RHEL8 storage]# cat lvm_p.xml
<!--
WARNING: THIS IS AN AUTO-GENERATED FILE. CHANGES TO IT ARE LIKELY TO BE
OVERWRITTEN AND LOST. Changes to this xml configuration should be made using:
  virsh pool-edit lvm_p
or other application using the libvirt API.
-->
<pool type='logical'>
  <name>lvm_p</name>
  <source>
```

```
  </source>
  <target>
    <path>/opt/image</path>
  </target>
</pool>
```

（4）使用 pool-define 命令定义、开启存储池 lvm_p，并查看信息。

```
[root@RHEL8 storage]# virsh pool-define lvm_p.xml      //定义存储池
[root@RHEL8 storage]# virsh pool-list --all
名称              状态       自动开始
-----------------------------------------
boot             活动        是
default          活动        是
image            活动        是
lvm_p            不活跃       否
[root@RHEL8 storage]# virsh pool-start lvm_p      //存储池 lvm_p 已启动
[root@RHEL8 storage]# virsh pool-info lvm_p
名称：      lvm_p
UUID：     16e311be-948d-4788-8a99-72fc71a831ef
状态：      running
持久：      是
自动启动：   否
容量：      100.00 MiB
分配：      0.00 B
可用：      100.00 MiB
```

存储池的大小与卷组大小一致。

```
[root@RHEL8 storage]# vgs
  VG     #PV #LV #SN Attr   VSize     VFree
  lvm_p    1   0   0 wz--n- 100.00m  100.00m
  rhel     1   2   0 wz--n- <29.00g        0
```

查看 XML 配置文件可以发现，存储池的信息得到更新。

```
[root@RHEL8 storage]# virsh pool-dumpxml lvm_p
<pool type='logical'>
  <name>lvm_p</name>
  <uuid>16e311be-948d-4788-8a99-72fc71a831ef</uuid>
  <capacity unit='bytes'>104857600</capacity>
  <allocation unit='bytes'>0</allocation>
  <available unit='bytes'>104857600</available>
  <source>
    <name>lvm_p</name>
    <format type='lvm2'/>
  </source>
```

```
  <target>
    <path>/dev/lvm_p</path>
  </target>
</pool>
```

（5）将磁盘 sdc 添加到卷组 lvm_p 中，由于卷组增大，所以存储池进行了扩容。

```
[root@RHEL8 storage]# vgextend lvm_p /dev/sdc
  Volume group "lvm_p" successfully extended
[root@RHEL8 storage]# vgs
  VG      #PV #LV #SN Attr    VSize    VFree
  lvm_p    2   0   0 wz--n- 200.00m 200.00m
  rhel     1   2   0 wz--n- <29.00g       0
[root@RHEL8 storage]# virsh pool-refresh lvm_p        //存储池 lvm_p 被刷新
[root@RHEL8 storage]# virsh pool-info lvm_p
名称：          lvm_p
UUID：          16e311be-948d-4788-8a99-72fc71a831ef
状态：          running
持久：          是
自动启动：      否
容量：          200.00 MiB
分配：          0.00 B
可用：          200.00 MiB
```

（6）在已有的存储池中创建存储卷。

在终端界面中输入命令 virsh   help volume，查看存储卷相关命令，如表 3-6 所示。

表 3-6　virsh 下的存储卷相关命令

| | |
|---|---|
| vol-clone | 克隆卷 |
| vol-create-as | 从变量中创建卷 |
| vol-create | 根据 XML 配置文件创建卷 |
| vol-create-from | 生成卷，并使用另一个卷作为输入 |
| vol-delete | 删除卷 |
| vol-download | 将卷内容下载到文件中 |
| vol-dumpxml | XML 配置文件中的卷信息 |
| vol-info | 存储卷的信息 |
| vol-key | 为给定密钥或路径返回卷密钥 |
| vol-list | 列出卷 |
| vol-name | 为给定密钥或路径返回卷名 |
| vol-path | 为给定密钥或路径返回卷路径 |
| vol-pool | 为给定密钥或路径返回池 |

续表

| vol-resize | 创新定义卷的大小 |
|---|---|
| vol-upload | 将文件内容上传到卷中 |
| vol-wipe | 擦除卷 |

可以通过使用 XML 配置文件创建存储卷，也可以通过存储池直接创建存储卷。通过 vol-create-as 从一组变量中创建卷 vol1，大小为 50MB。

[root@RHEL8 storage]# **virsh vol-create-as --pool lvm_p --name vol1 --capacity 50m**    //创建卷 vol1

查看卷 vol1 的基本信息和 XML 配置文件。

```
[root@RHEL8 storage]# virsh vol-info vol1 --pool lvm_p
名称:        vol1
类型:        块
容量:        52.00 MiB
分配:        52.00 MiB
[root@RHEL8 storage]# virsh vol-dumpxml vol1 --pool lvm_p
<volume type='block'>
  <name>vol1</name>
  <key>n8RAAk-BCSM-40ez-TBOC-oxhU-x8kL-xthVbH</key>
  <source>
    <device path='/dev/sdb'>
      <extent start='0' end='54525952'/>
    </device>
  </source>
  <capacity unit='bytes'>54525952</capacity>
  <allocation unit='bytes'>54525952</allocation>
  <physical unit='bytes'>54525952</physical>
  <target>
    <path>/dev/lvm_p/vol1</path>
    <permissions>
      <mode>0600</mode>
      <owner>0</owner>
      <group>6</group>
    </permissions>
    <timestamps>
      <atime>1617201923.856979222</atime>
      <mtime>1617201923.856979222</mtime>
      <ctime>1617201923.871979222</ctime>
    </timestamps>
  </target>
</volume>
```

从配置文件中可以看到卷 vol1 是从磁盘 sdb 中分出的空间，存储路径是/dev/lvm_p/vol1。

卷 vol1 相当一个从卷组中创建的逻辑卷。

```
[root@RHEL8 storage]# lvs
  LV   VG    Attr      LSize      Pool Origin Data%   Meta%   Move Log Cpy%Sync Convert
  vol1 lvm_p -wi-a-----  52.00m
  root rhel    -wi-ao---- <26.00g
  swap rhel    -wi-ao----  3.00g
```

（7）将存储卷挂载到客户机上使用。

```
//域 rhel6-2 已开始
[root@RHEL8 storage]# virsh start rhel6-2
//成功附加磁盘
[root@RHEL8 storage]# virsh attach-disk --domain rhel6-2 --source /dev/lvm_p/vol1 --target vdb
[root@RHEL8 storage]# virsh list
 Id    名称                          状态
----------------------------------------------------
 1     rhel6-2                       running
[root@RHEL8 storage]# virsh domblklist 1
目标      源
----------------------------------------------------
vda       /opt/image/rhel6-2.qcow2
vdb       /dev/lvm_p/vol1
hda       -
```

进入 KVM 虚拟机可以将设备 vdb 进行格式化并挂载使用。要删除使用中的存储池，需要先分离磁盘，删除活跃的存储卷，先停止存储池后再取消定义。

```
[root@RHEL8 storage]# virsh detach-disk 1 --target vdb        //成功分离磁盘
[root@RHEL8 storage]# virsh   vol-delete vol1 --pool lvm_p     //卷 vol1 被删除
[root@RHEL8 storage]# virsh pool-destroy lvm_p                 //销毁存储池 lvm_p
[root@RHEL8 storage]# virsh pool-undefine lvm_p               //存储池 lvm_p 已经被取消定义
[root@RHEL8 storage]# ls
autostart  boot.xml  default.xml  image.xml
```

# 任务 3-7　使用 virsh 命令静态迁移虚拟机

扫一扫
看微课

　　静态迁移就是虚拟机在关机状态下，复制虚拟机的虚拟磁盘文件与配置文件到目标虚拟主机中以实现迁移。其中，虚拟主机可以各自使用本地存储存放虚拟机磁盘文件。此外，虚拟主机之间还可以使用共享存储存放虚拟机磁盘文件，这时需要在目标虚拟主机上重新定义虚拟机。这里的静态迁移，指基于 KVM 虚拟主机之间的迁移，而非异构的虚拟化平台之间的静态迁移。

构建两台宿主机的实验环境，要求两台主机网络具有连通性。其中，源主机 RHEL8-1 的 IP 地址为 172.24.2.10，目标主机 RHEL8-2 的 IP 地址为 172.24.2.20。将 RHEL8-1 中的一台 rhel6-2 静态迁移到 RHEL8-2 的过程如下。

（1）确定 RHEL8-1 中的全部 KVM 虚拟机为关闭状态，且在当前 RHEL8-2 中尚没有虚拟机，目录/etc/libvirt/qemu 中没有虚拟机配置文件，目录/opt/image 中没有磁盘映像文件。

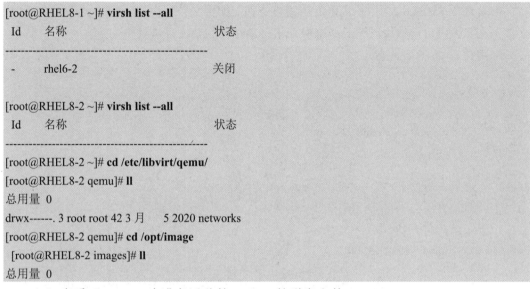

```
[root@RHEL8-1 ~]# virsh list --all
 Id    名称                          状态
----------------------------------------------------
 -     rhel6-2                      关闭

[root@RHEL8-2 ~]# virsh list --all
 Id    名称                          状态
----------------------------------------------------
[root@RHEL8-2 ~]# cd /etc/libvirt/qemu/
[root@RHEL8-2 qemu]# ll
总用量 0
drwx------. 3 root root 42 3 月     5 2020 networks
[root@RHEL8-2 qemu]# cd /opt/image
 [root@RHEL8-2 images]# ll
总用量 0
```

（2）查看 RHEL8-1 中准备迁移的 rhel6-2 的磁盘文件。

```
[root@RHEL8-1 images]# virsh domblklist rhel6-2
 目标      源
---------------------------------------------
 vda      /opt/image/rhel6-2.qcow2
 hda       -
```

（3）导出 rhel6-2 的配置文件。

```
[root@RHEL8-1 ~]# virsh dumpxml rhel6-2 > /root/rhel6-2.xml
[root@RHEL8-1 ~]# ls
公共   视频   文档   音乐   anaconda-ks.cfg          rhel6-2.xml
模板   图片   下载   桌面   initial-setup-ks.cfg     work2
```

（4）复制 rhel6-2 的配置文件到 RHEL8-2 中。

```
[root@RHEL8-1 ~]# scp rhel6-2.xml 172.24.2.20:/etc/libvirt/qemu
root@172.24.2.20's password:
rhel6-2.xml                        100% 4381      132.4KB/s      00:00
```

（5）查看 RHEL8-1 的磁盘文件并将其复制到 RHEL8-2 中，应确保 RHEL8-2 的文件夹存在。

```
[root@RHEL8-2 ~]#mkdir -p /opt/image/
[root@RHEL8-1 ~]# cd /opt/image/
```

```
[root@RHEL8-1 image]# ls
rhel6-2.qcow2
[root@RHEL8-1 image]# scp rhel6-2.qcow2 172.24.2.20:/opt/image
root@172.24.2.20's password:
rhel6-2.qcow2
100% 1326MB    2.9MB/s     07:45
```

（6）查看 RHEL8-2 中的 rhel6-2 的磁盘文件与配置文件。由于复制的 rhel6-2 的配置文件定义了源机目录结构，因此要确保新机目录结构与源机目录结构一致。

```
[root@RHEL8-2 ~]# cd /opt/image/
[root@RHEL8-2 image]# ll
总用量 1357504
-rw-r--r--. 1 root root 1390084096 4 月    7 23:50 rhel6-2.qcow2
[root@RHEL8-2 image]# cd /etc/libvirt/qemu/
[root@RHEL8-2 qemu]# ll
总用量 16
drwx------. 3 root root    42 3 月       5 2020 networks
-rw-r--r--. 1 root root   5178 4 月      7 23:38 rhel6-2.xml
```

（7）定义注册 rhel6-2。

```
[root@RHEL8-2 qemu]# virsh list --all
Id     名称                         状态
---------------------------------------------------
//定义域 rhel6-2（从 rhel6-2.xml）
[root@RHEL8-2 qemu]# virsh define rhel6-2.xml


[root@RHEL8-2 qemu]# virsh list --all
Id     名称                         状态
---------------------------------------------------
-      rhel6-2                      关闭
```

（8）启动 rhel6-2。当出现如图 3-2 所示的登录成功界面时，虚拟机的静态迁移操作完成。

```
[root@RHEL8-2 qemu]# virsh start rhel6-2          //域 rhel6-2 已开始
[root@RHEL8-2 qemu]# virsh console rhel6-2        //连接到域 rhel6-2
```

```
Red Hat Enterprise Linux Server release 6.5 (Santiago)
Kernel 2.6.32-431.el6.x86_64 on an x86_64

RHEL6-2 login: root
Password:
Last login: Wed Apr  7 23:36:07 on tty1
[root@RHEL6-2 ~]#
```

图 3-2　登录成功界面

# 任务 3-8　使用 virsh 命令动态迁移虚拟机

静态迁移 KVM 虚拟机需要复制虚拟磁盘文件，动态迁移 KVM 虚拟机则无须复制虚拟磁盘文件。此时，需要确保两台主机均启动了 libvirtd 服务；迁移的平台和版本符合兼容性要求；正确配置防火墙，允许所需端口的通信；两台主机在相同的虚拟网络中等。

KVM 虚拟机的动态迁移包括基于数据块的动态迁移和基于共享存储的动态迁移。为避免两个任务发生干扰，可以选择在 VMware 中拍摄快照。本任务将启动两台宿主机，其中热迁移的源主机 RHEL8-1 的 IP 地址为 172.24.2.10，目标主机 RHEL8-2 的 IP 地址为 172.24.2.20。

## 1. 基于数据块动态迁移 KVM 虚拟机

（1）在块迁移的过程中，由于虚拟机只使用本地存储，因此物理环境非常简单。在 RHEL8-2 中执行命令，创建一个与源主机同名的磁盘文件。

```
[root@RHEL8-2 ~]# qemu-img create -f   qcow2 rhel6-2.qcow2 10g
```

（2）在 RHEL8-1 中执行命令 SSH 或 TCP，与 RHEL8-2 进行连接。

```
[root@RHEL8-1 ~]# virsh -c qemu+ssh://root@172.24.2.20/system list --all
```

（3）在 RHEL8-1 中执行命令，开始热迁移。

```
[root@RHEL8-1 ~]#virsh migrate rhel6-2 --live --verbose --copy-storage-all   qemu+tcp://172.24.2.20/system
```

若使用 Qemu+TCP 命令，即使用 TCP 命令对远程 libvirtd 进行连接访问，需要提前修改文件/etc/sysconfig/libvirtd，用来启用 TCP 端口。

```
LIBVIRTD_CONFIG=/etc/libvirt/libvirtd.conf
#LIBVIRTD_ARGS="--timeout 120"
LIBVIRTD_ARGS="--listen"
```

修改 libvirt 的守护进程配置文件/etc/libvirt/libvirtd.conf（修改后要重启 libvirtd 服务）。

```
listen_tls = 0
listen_tcp = 1
tcp_port = "16509"
listen_addr = "0.0.0.0"
auth_tcp = "none"
```

（4）查看虚拟机。

```
[root@RHEL8-2 ~]#virsh list --all
```

## 2. 基于共享存储动态迁移 KVM 虚拟机

（1）这里将 RHEL8-1 同时兼任 NFS 服务器，以确认 RHEL8-1 的 NFS 和 RPC 组件的安装和启动。

```
[root@RHEL8-1 ~]#rpm -qa |grep nfs
libnfsidmap-2.3.3-14.el8.x86_64
```

```
sssd-nfs-idmap-2.0.0-43.el8.x86_64
nfs-utils-2.3.3-14.el8.x86_64
[root@RHEL8-1 ~]# rpm -qa |grep rpcbind
rpcbind-1.2.5-3.el8.x86_64
[root@RHEL8-1 ~]# systemctl start rpcbind
[root@RHEL8-1 ~]#systemctl start nfs-server
```

（2）为放置磁盘映像的文件夹设置写的权限，并编辑 NFS 服务器配置文件。

```
[root@RHEL8-1 ~]#ls /var/lib/libvirt/images
//将有虚拟机的文件夹设置为 NFS 共享，此处已有 rhel6-3 的虚拟机磁盘
[root@RHEL8-1 ~]#chmod o+w /var/lib/libvirt/images
[root@RHEL8-1 ~]#vim /etc/exports
/var/lib/libvirt/images    172.24.2.0/24(rw,sync,no_root_squash)
//no_root_squash:登录到 NFS 主机的如果是 root 用户，则该用户拥有 root 权限
//sync:资料同步写入存储器
//async:资料暂时存放在内存中，不会直接写入磁盘
[root@RHEL8-1 ~]# systemctl restart nfs-server
[root@RHEL8-1 ~]# showmount -e
Export list for RHEL8:
/var/lib/libvirt/images 172.24.2.0/24
```

（3）确保两个节点都有相同的虚拟机磁盘文件存储目录。RHEL8-1 和 RHEL8-2 均挂载 NFS 目录，暂时关闭 RHEL8-1 的防火墙。

```
[root@RHEL8-1 ~]# systemctl stop firewalld
[root@RHEL8-1 ~]# mount -t nfs 172.24.2.10:/var/lib/libvirt/images /var/lib/libvirt/images/
[root@RHEL8-1 ~]# df -h
文件系统                                容量  已用  可用 已用% 挂载点
…
172.24.2.10:/var/lib/libvirt/images         26G   20G   6.8G  75%   /var/lib/libvirt/images
[root@RHEL8-2 ~]# showmount -e 172.24.2.10
Export list for 172.24.2.10:
/var/lib/libvirt/images 172.24.2.0/24
[root@RHEL8-2 ~]# mount -t nfs 172.24.2.10:/var/lib/libvirt/images /var/lib/libvirt/images
[root@RHEL8-2 ~]# df -h
文件系统                                容量  已用  可用 已用% 挂载点
…
172.24.2.10:/var/lib/libvirt/images         26G   20G   6.8G  75%   /var/lib/libvirt/images
```

（4）确认 RHEL8-1 中有一台 rhel6-3 且其处于开机状态，节点 2 的虚拟机无 rhel6-3。

```
[root@RHEL8-1 ~]# virsh list --all
 Id    名称                        状态
-------------------------------------------------
 5     rhel6-3                     running
 -     rhel6-2                     关闭
[root@RHEL8-2 ~]# virsh list --all
```

| Id | 名称 | 状态 |
|----|------|------|
| - | rhel6-2 | 关闭 |

（5）在 RHEL8-1 中执行动态迁移命令。

```
[root@RHEL8-1 ~]# virsh migrate --live --verbose rhel6-3    qemu+ssh://172.24.2.20/system tcp://172.24.2.20
root@172.24.2.20's password:
错误：不安全的迁移:Migration may lead to data corruption if disks use cache != none or cache != directsync
```

如果出现错误提示，说明虚拟机的磁盘必须使用缓存，编辑 rhel6-3 的配置文件如下。

```
[root@RHEL8-1 ~]# virsh edit rhel6-3
…
<disk type='file' device='disk'>
  <driver name='qemu' type='qcow2' cache='none'/>   //添加 cache='none'
    <source file='/var/lib/libvirt/images/rhel6.5.qcow2'/>
        <target dev='vda' bus='virtio'/>
        <address type='pci' domain='0x0000' bus='0x00' slot='0x06' function='0x0'/>
</disk>
…
```

（6）再次执行迁移命令，迁移后使用 virsh list –all 命令查看 RHEL8-2 中 rhel6-3 的情况。

```
[root@RHEL8-1 ~]# virsh migrate --live --verbose rhel6-3    qemu+ssh://172.24.2.20/system tcp://172.24.2.20
[root@RHEL8-2 ~]# virsh list --all
```

| Id | 名称 | 状态 |
|----|------|------|
| 2 | rhel6-3 | running |

（7）通过 XML 配置文件定义 rhel6-3。

虽然 rhel6-3 已经在 RHEL8-2 中启动，但是在 RHEL8-2 中并不存在 rhel6-3 的配置文件。此时，需要以 rhel6-3 的状态在 RHEL8-2 中创建配置文件。

```
[root@RHEL8-2 ~]#cd /etc/libvirt/qemu;ls
[root@RHEL8-2 libvirt]#virsh dumpxml rhel6-3 > /etc/libvirt/qemu/rhel6-3.xml
[root@RHEL8-2 libvirt]#virsh define /etc/libvirt/qemu/rhel6-3.xml
```

 课后练习

一、简答题

1．libvirt 的主要功能有哪些？

2．libvirt 的 3 个层次结构是什么？

3．简介 libvirt API。

二、实操题

使用 3 台机器，假设一台 NFS 存储服务器 RHEL8（172.24.2.40）中有一台 rhel6 已经在热迁移的源头 RHEL8-1（172.24.2.10）中使用，现在需要将其动态迁移到 RHEL8-2（172.24.2.20）中，请完成操作步骤。拓扑结构如图 3-3 所示。

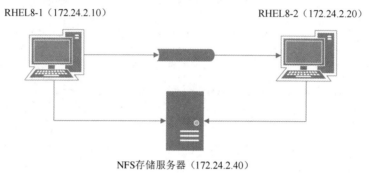

图 3-3　拓扑结构

# 项目四

## virt-manager 创建和管理虚拟机

### ♻ 学习目标

一、知识目标

（1）了解 virt-manager 的功能。

（2）掌握 virt-manager 的使用方法。

二、技能目标

（1）掌握使用 RHEL8 安装 virt-manager 的方法。

（2）掌握 virt-manager 的基本使用方法。

三、素质目标

（1）用技术手段提升管理水平；

（2）用创新引领美好未来。

### ✴ 项目描述

本项目将介绍另一个 libvirt 管理工具，即 virt-manager。这个工具是一个轻量级应用程序套件，形式为一个管理虚拟机的图形界面。通过学习本项目，可以为虚拟机配置磁盘、网卡等硬件，并对虚拟机进行管理。

 相关知识

## virt-manager 简介

virt-manager 是虚拟机管理器（Virtual Machine Manager）应用程序的缩写，是一个用于管理虚拟机的图形化用户接口，是用于管理 KVM 虚拟环境的主要工具。用户可以通过它直观地操作不同的虚拟机。virt-manager 使用 libvirt 的 API 实现，使用 UNIX Socket 访问 libvirtd，默认情况下需要有 root 权限才能够访问 Socket。除了提供对虚拟机的管理功能，virt-manager 还通过一个嵌入式的 VNC 和 Spice 客户端查看器为虚拟机提供一个完整的图形控制台。

virt-manager 允许用户在图形界面中执行以下虚拟化管理功能。

（1）创建、编辑、启动、挂起、恢复和停止虚拟机。

（2）查看和控制每台虚拟机的控制台。

（3）查看所有运行中的虚拟机和主机。

（4）查看每台虚拟机的性能和利用率的统计信息。

（5）查看虚拟机和主机的实时性能和资源利用率的统计信息。

（6）管理本地或远程运行的 KVM、Xen 或 Qemu 虚拟机。

（7）管理 LXC 容器。

对于习惯使用图形界面操作的初学者来说，virt-manager 成熟、易用的特点可以使人迅速上手，且不用记忆大量的命令行参数，是管理 KVM 虚拟机非常好的选择。

 项目实践

扫一扫
看微课

## 任务 4-1　使用 virt-manager 远程连接服务器

由于在使用 virt-manager 时需要调用 libvirt 的 API，因此要确保实验环境中的 Qemu-kvm 和 libvirtd 服务已经安装并且正常运行。

（1）查看 Qemu、libvirt 和 virt-manager 的安装情况。

```
[root@RHEL8 ~]# rpm -qa|grep qemu
qemu-guest-agent-2.12.0-63.module+el8+2833+c7d6d092.x86_64
qemu-kvm-block-ssh-2.12.0-63.module+el8+2833+c7d6d092.x86_64
```

```
…
[root@RHEL8 ~]# rpm -qa|grep libvirt
libvirt-daemon-driver-storage-core-4.5.0-23.module+el8+2800+2d311f65.x86_64
libvirt-daemon-driver-storage-scsi-4.5.0-23.module+el8+2800+2d311f65.x86_64
……
```

参考项目二中的配置软件仓库镜像，安装 virt-manager。

```
[root@RHEL8 ~]# dnf install virt-manager -y
[root@RHEL8 ~]# rpm -qa | grep virt-manager
virt-manager-common-2.0.0-5.el8.noarch
virt-manager-2.0.0-5.el8.noarch
```

（2）打开 virt-manager 的图形界面查看信息。

在 RHEL8 的图形界面中选择"活动"→"显示应用程序"→"虚拟系统管理器"命令，打开 virt-manager 的图形界面——"虚拟系统管理器"界面，如图 4-1 所示。

图 4-1　"虚拟系统管理器"界面

此外，也可以通过在终端界面中输入命令 virt-manager，打开"虚拟系统管理器"界面，如图 4-2 所示。

（3）在"虚拟系统管理器"界面中执行"编辑"→"连接详情"命令，打开"QEMU/KVM 连接详情"界面。在"QEMU/KVM 连接详情"界面中显示"概述"选项卡的相关内容，如图 4-3 所示。此外，通过选择同一界面中的"虚拟网络"或"存储"选项卡，还可以显示网络或存储的相关内容，如图 4-4 所示。

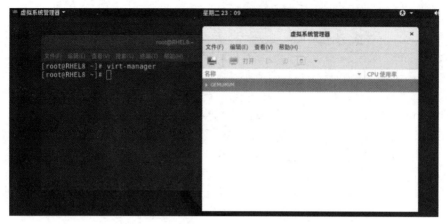

图 4-2　在终端界面输入 virt-manager 命令

图 4-3　"概述"选项卡相关内容

图 4-4　打开"QEMU/KVM 连接详情"界面查看相关内容

（4）通过 virt-manager 连接远程主机。

为便于操作演示，在本任务中 VMware Workstation 安装了 RHEL8-1 与 RHEL8-2 两台宿主机，统一选择了 VMnet1 网络环境，并分别设置 IP 地址为 172.24.2.10 和 172.24.2.20。

```
[root@RHEL8-1 ~]# nmcli
ens33: 已连接  to ens33
        "Intel 82545EM"
        ethernet (e1000), 00:0C:29:4C:AC:05, 硬件, mtu 1500
        inet4 172.24.2.10/24
…
[root@RHEL8-2 ~]# nmcli
ens33: 已连接  to ens33
        "Intel 82545EM"
        ethernet (e1000), 00:0C:29:2A:27:BE, 硬件, mtu 1500
        inet4 172.24.2.20/24
…
```

在 RHEL8-1 中打开 virt-manager 的图形界面，并执行"文件"→"添加连接"命令，在"添加连接"界面中输入 RHEL8-2 的 IP 地址，单击"连接"按钮，远程连接 virt-manager，如图 4-5 所示。

图 4-5　远程连接 virt-manager

如出现图 4-6 中"虚拟机管理器连接失败"的提示信息，则需要手动安装 openssh-askpass 软件包。

图 4-6　"虚拟机管理器连接失败"的提示信息

```
[root@RHEL8-2 ~]# dnf install openssh-askpass -y
[root@RHEL8-2 ~]# rpm -qa | grep openssh-askpass
openssh-askpass-7.8p1-4.el8.x86_64
```

在 OpenSSH 界面中，先输入 yes，单击 OK 按钮建立连接（见图 4-7），再输入远程服务器 root 的账号密码（见图 4-8），最后单击 OK 按钮完成远程登录，如图 4-9 所示。

图 4-7 输入 yes 建立连接  　　　　　　　图 4-8 输入远程服务器 root 的账号密码

图 4-9 完成远程登录

扫一扫
看微课

# 任务 4-2 使用 virt-manager 创建和管理虚拟机

提前下载 Linux 的镜像文件（本任务使用的是 rhel-server-6.5-x86_64-dvd.iso），放入 RHEL8-1 的目录/opt/boot。通过 ls 命令查看目录/opt/boot 的情况。

```
[root@RHEL8-1 ~]# ls /opt/boot
rhel-server-6.5-x86_64-dvd.iso
```

（1）打开"虚拟系统管理器"界面，执行"文件"→"新建虚拟机"命令，如图 4-10 所示。

图 4-10　选择新建虚拟机

（2）生成新虚拟机有 5 个步骤。

步骤 1：这里选中"本地安装介质（ISO 映像或者光驱）"单选按钮，如图 4-11 所示。当然，也可以选择 Network Install、"网络引导"或"导入现有磁盘映像"单选按钮。

图 4-11　选择本地安装介质

步骤 2：先选择安装介质的位置，单击"浏览"按钮，再选择存储池已有的安装光盘镜像，系统会自动检测操作系统版本，最后单击"前进"按钮，进入下一步操作，如图 4-12 所示。

步骤 3：设置内存和 CPU 的大小。注意，其数值不能超过主机提供的资源上限，如图 4-13 所示。设置好后，单击"前进"按钮。

图 4-12　选择安装光盘镜像

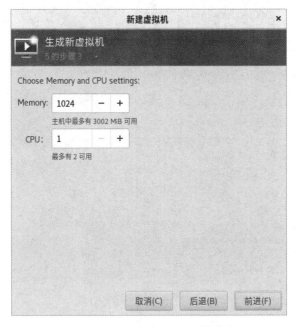

图 4-13　设置内存和 CPU 的大小

步骤 4：为虚拟机启用存储，默认是在当前主机的目录/var/lib/libvirt/images 中创建存储卷。单击"前进"按钮，启用存储，如图 4-14 所示。当然，也可以选中"选择或创建自定义存储"单选按钮，选择在其他位置创建存储卷。

图 4-14　启用存储

步骤 5：设置新创建的虚拟机的"名称"为 rhel6.5，并在安装前确认安装概况，单击"完成"按钮，如图 4-15 所示。打开虚拟机的硬件详情界面，如图 4-16 所示。

图 4-15　虚拟机名称的设置　　　　图 4-16　虚拟机的硬件详情界面

（3）如图 4-17 所示，在虚拟机的硬件详情界面中，修改"显示协议 Spice"选项，将 Spice 服务器的"类型"修改为"VNC 服务器"。保存修改后，单击"开始安装"按钮，开始创建虚拟机，如图 4-18 所示。

（4）在图 4-19 的界面中输入虚拟机的登录密码，并单击"登录"按钮，进入安装界面，如图 4-20 所示。

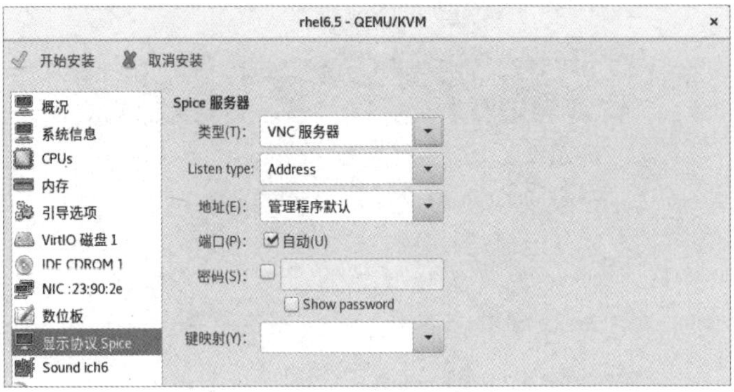

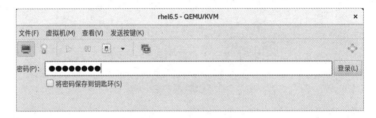

图 4-17　修改 Spice 服务器的"类型"为"VNC 服务器"

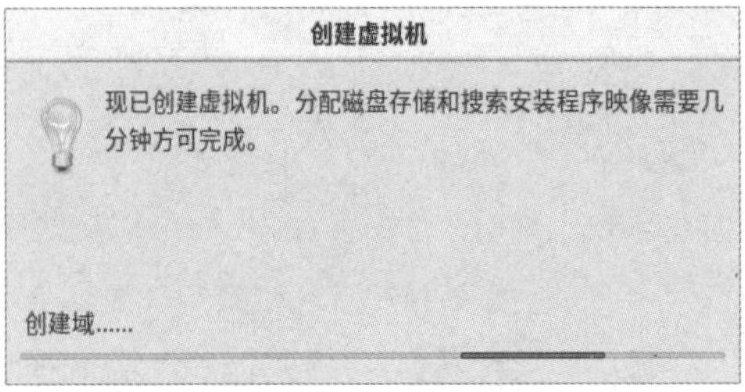

图 4-18　创建虚拟机

图 4-19　输入登录密码

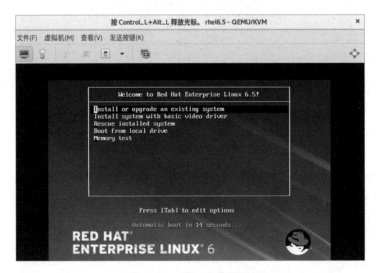

图 4-20　进入安装界面

（5）安装成功后，在 RHEL8 的本地 QEMU/KVM 下生成一个新的虚拟机，即 rhel6.5，如图 4-21 所示。

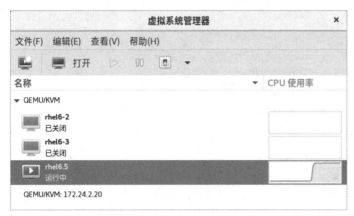

图 4-21　安装成功后生成新的虚拟机

# 任务 4-3　使用 virt-manager 管理存储池

在本任务中，首先通过 VMware Workstation 为 RHEL8 添加一块磁盘，然后将这块硬盘添加到 RHEL8 的存储池中，最后创建存储卷并分配给 rhel6-2 使用。

（1）如图 4-22 所示，先在"添加硬件向导"界面中给宿主机添加一块容量为 0.2GB 的磁盘，然后重启宿主机，查看磁盘的添加情况。

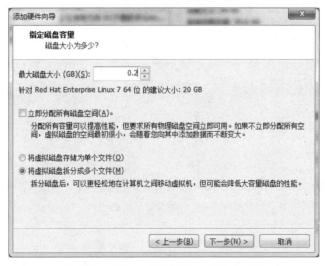

图 4-22　添加一块容量为 0.2GB 的磁盘

```
[root@RHEL8 ~]~]# lsblk
NAME              MAJ:MIN RM   SIZE RO TYPE MOUNTPOINT
sda               8:0      0    30G  0 disk
├─sda1            8:1      0     1G  0 part /boot
└─sda2            8:2      0    29G  0 part
  ├─rhel-root 253:0    0    26G  0 lvm  /
  └─rhel-swap 253:1    0     3G  0 lvm  [SWAP]
sdb               8:16     0   204M  0 disk
sr0               11:0     1   6.6G  0 rom  /run/media/root/RHEL-8-0-0-BaseOS-x86_64
```

（2）先为新添加的磁盘 sdb 建立分区 sdb1 并格式化，然后将其挂载到磁盘分区 /mnt/sdb1 上。

```
[root@RHEL8    ~]#fdisk /dev/sdb
[root@RHEL8    ~]#lsblk
NAME              MAJ:MIN RM   SIZE RO TYPE MOUNTPOINT
sda               8:0      0    30G  0 disk
├─sda1            8:1      0     1G  0 part /boot
└─sda2            8:2      0    29G  0 part
  ├─rhel-root 253:0    0    26G  0 lvm  /
  └─rhel-swap 253:1    0     3G  0 lvm  [SWAP]
sdb               8:16     0   204M  0 disk
└─sdb1            8:17     0   203M  0 part
sr0               11:0     1   6.6G  0 rom  /run/media/root/RHEL-8-0-0-BaseOS-x86_64
[root@RHEL8    ~]# mkfs -t ext4 /dev/sdb1
mke2fs 1.44.3 (10-July-2018)
创建含有 207872 个块（每块 1K）和 52000 个 inode 的文件系统
文件系统 UUID：2dedc6ac-30aa-418e-9c9d-9c27e9612d8f
超级块的备份存储于下列块：
        8193, 24577, 40961, 57345, 73729, 204801


正在分配组表：完成
正在写入 inode 表：完成
创建日志（4096 个块）完成
写入超级块和文件系统账户统计信息：已完成
[root@RHEL8    ~]# mkdir /mnt/sdb1
[root@RHEL8    ~]# mount /dev/sdb1 /mnt/sdb1
[root@RHEL8    ~]# df -h
文件系统                      容量  已用  可用  已用%   挂载点
…
/dev/sdb1                    193M 1.8M 177M 1%     /mnt/sdb1
```

（3）打开 virt-manager 的图形界面，执行"编辑"→"连接详情"命令进入"QEMU/KVM 连接详情"界面。在"QEMU/KVM 连接详情"界面中选择"存储"选项卡可以看到已有的存储池 default，这是安装 libvirt 后系统自动在目录/var/lib/libvirt/images 中创建的。其类型为文件系统目录，空间大小是宿主机原磁盘的空间大小，如图 4-23 所示。

图 4-23　存储池 default 的详情

（4）创建存储池 sdb。

步骤 1：单击"QEMU/KVM 连接详情"界面左下角的加号按钮，打开"添加新存储池"界面，设置存储池的"名称"为 sdb，并单击"前进"按钮，如图 4-24 所示。

图 4-24　创建存储池的步骤 1

步骤 2：在图 4-25 中单击"浏览"按钮，选择/mnt/sdb1 作为存储池的"目标路径"，并单击"完成"按钮。

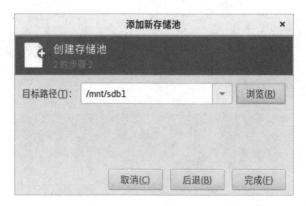

图 4-25　创建存储池的步骤 2

如图 4-26 所示，出现新的文件系统目录类型的存储池 sdb。

图 4-26　存储池 sdb 的详情

（5）创建存储卷 test.qcow2。单击 sdb 存储池"卷"右侧的加号按钮，打开如图 4-27 所示界面，设置存储卷 test.qcow2 的大小为 0.1GiB，单击"完成"按钮。

如图 4-28 所示，在存储池 sdb 中出现 test.qcow2 存储卷。

（6）将 test.qcow2 存储卷放入 rhel6-2。

步骤 1：打开 virt-manager 中 rhel6-2 的硬件详情界面，并在界面的左下角单击"添加硬件"按钮，如图 4-29 所示。

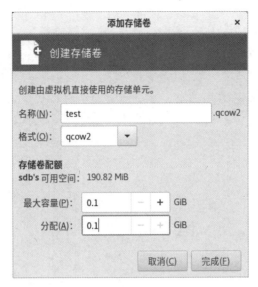

图 4-27 创建存储卷 test

图 4-28 出现 test.qcow2 存储卷

步骤 2：在"添加新虚拟硬件"界面中，选中"选择或创建自定义存储"单选按钮，并单击"管理"按钮，在找到新创建的存储卷 test.qcow2 的路径后，单击"完成"按钮，添加新虚拟硬件，如图 4-30 所示。

如图 4-31 所示，在 rhel6-2 的硬件详情界面中显示增加了 VirtIO 磁盘 2。

图 4-29　rhel6-2 的硬件详情界面

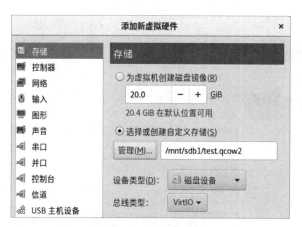

图 4-30　添加新虚拟硬件

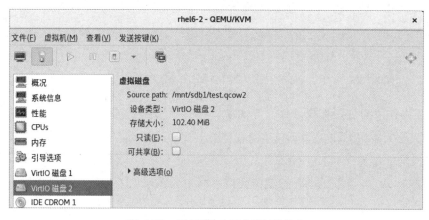

图 4-31　显示增加了 VirtIO 磁盘 2

（7）在 rhel6-2 中使用 lsblk 命令查看磁盘情况，可以发现新添加一个容量为 102.4MB 的磁盘 vda。

```
RHEL6-2 login: root
Password：
Last login：Thu Apr 8 00:06:49 on tty1
[root@RHEL6-2 ~]# lsblk
NAME                          MAJ:MIN  RM    SIZE   RO   TYPE MOUNTPOINT
sr0                           11:0     1     1024M  0    rom
vda                           252:0    0     102. 4M 0    disk
vdb                           252:16   0     5G     0    disk
├─vdb1                        252:17   0     500M   0    part /boot
└─vdb2                        252:18   0     4.5G   0    part
  ├─vg_rhel62-lv_root  (dm-0) 253:0    0     4G     0    lvm  /
  └─vg_rhel62-lv_swap  (dm-1) 253:0    0     512M   0    lvm  [SWAP]
```

使用 fdisk 命令先对磁盘 vda 进行分区格式化并建立文件系统，然后挂载使用 vda 磁盘。

```
[root@ RHEL6-2 ~]# mount /dev/vda1 /mnt
[root@ RHEL6-2 ~]# ls /mnt
lost+found
```

# 任务 4-4　使用 virt-manager 动态迁移虚拟机

扫一扫
看微课

在本任务中，将使用 3 台计算机完成动态迁移虚拟机的操作。其中，主机 share 为 NFS 共享服务器。在表 4-1 中给出了各个主机的操作系统、IP 地址及网络。

表 4-1　各个主机 IP 地址

| 主机名称 | 操作系统 | IP 地址 | 网络 | 备注 |
|---|---|---|---|---|
| share | RHEL8 | 172.24.2.30 | VMnet1 | NFS 共享服务器 |
| RHEL8-1 | RHEL8 | 172.24.2.10 | VMnet1 | 放置操作系统镜像 |
| RHEL8-2 | RHEL8 | 172.24.2.20 | VMnet1 | |

（1）配置 NFS 共享服务器。

```
[root@share ~]# dnf -y install nfs-utils        //安装 nfs-utils
[root@share ~]# dnf -y install rpcbind
[root@share ~]# rpm -qa nfs-utils rpcbind
[root@share ~]# mkdir /opt/share               //创建共享文件夹，并将其共享给 RHEL8-1 和 RHEL8-2
[root@share ~]# vi /etc/exports
```

```
/opt/share 172.24.2.20(rw,sync,no_root_squash)
/opt/share 172.24.2.10(rw,sync,no_root_squash)
//保存退出
[root@share ~]# systemctl start rpcbind        //启动 RPC 服务
[root@share ~]# systemctl enable rpcbind       //设置开机启动
[root@share ~]# systemctl start nfs-server      //启动 NFS 服务
[root@share ~]# systemctl enable nfs-server
[root@share ~]# firewall-cmd --permanent --add-service=nfs
success                                        //配置防火墙，放行 NFS 服务
[root@share ~]# firewall-cmd   --reload
success
[root@share ~]#rpcinfo -p
```

在 RHEL8-1 和 RHEL8-2 中查看共享目录。

```
[root@RHEL8-1 ~]# showmount -e 172.24.2.30
Export list for 172.24.2.30:
/opt/share 172.24.2.10,172.24.2.20
[root@ RHEL8-2 ~]# showmount -e 172.24.2.30
Export list for 172.24.2.30:
/opt/share 172.24.2.10,172.24.2.20
```

（2）先在 REHEL8-1 的图形界面中打开"虚拟系统管理器"界面，然后打开"QEMU/KVM 连接详情"界面，开始设置。

步骤 1：在"添加新存储池"界面中设置"名称"为 nfs-share，并选择"类型"为"netfs：网络导出的目录"，单击"前进"按钮，如图 4-32 所示。

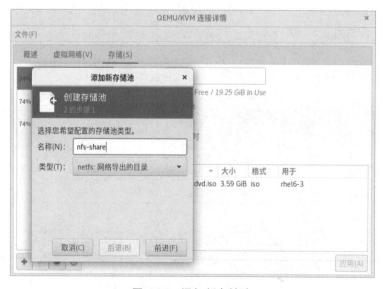

图 4-32　添加新存储池

步骤 2：如图 4-33 所示，创建目标路径/tmp/nfs-share 对应的共享服务器 172.24.2.30

的共享目录/opt/share。在图 4-34 中可以看到新添加的存储池 nfs-share，存储池 nfs-share
的类型为网络导出的目录。

图 4-33    创建共享目录

图 4-34    显示新添加的存储池

（3）在 NFS 共享服务器 share 的目录/opt/share 下新建一个文件 test，验证共享情况。

```
[root@share ~]# cd /opt/share
[root@share share]# touch test
[root@share share]#ls
test
```

在"QEMU/KVM 连接详情"界面中刷新存储卷的信息，如图 4-35 所示。

（4）单击图 4-35 中"卷"右侧的加号按钮，打开"添加存储卷"界面。在图 4-36 中设置"名称"为 rhel6.5，并将"最大容量"设置为 10.0GiB，"分配"设置为 5.0GiB，单击"完成"按钮，在共享存储池中显示共享卷 rhel6.5，如图 4-37 所示。

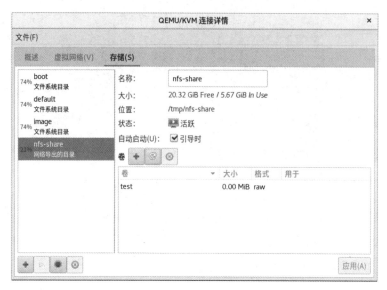

图 4-35　刷新存储卷的信息

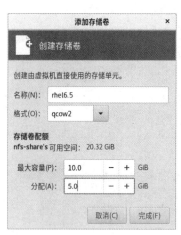

图 4-36　添加存储卷

图 4-37　显示共享卷

（5）在 NFS 共享服务器上查看共享卷 rhel6.5。

```
[root@share share]# ll
总用量 10487620
-rw-------. 1 root root 10739318784 2 月    7 17:25 rhel6.5
-rw-r--r--. 1 root root           0 2 月    7 17:15 test
```

（6）创建 RHEL8-2 的共享存储池（参考创建 RHEL8-1 的共享存储池的操作步骤），

注意保持路径一致。

（7）安装虚拟机到存储服务器 share 上。

步骤 1：修改 RHEL8-1 和 RHEL8-2 中的共享目录/tmp/nfs-share 的权限。

```
[root@ RHEL8-1 ~]# cd /tmp/
[root@ RHEL8-1 tmp]# chown nobody:nobody nfs-share/ -R
[root@ RHEL8-2 ~]# cd /tmp/
[root@ RHEL8-2 tmp]# chown -R nobody:nobody nfs-share/
```

步骤 2：通过 RHEL8-1 安装一台虚拟机到 share 服务器上的共享存储，参考任务 4-3 中的步骤（1）～（3），此处在生成虚拟机处需先选中"选择或创建自定义存储"复选框，并单击"管理"按钮，然后选择存储卷所在位置/tmp/nfs-share/rhel6.5，如图 4-38 所示。

图 4-38　创建存储卷

步骤 3：在图 4-39 左侧界面中，修改虚拟机的"名称"为 rhel6.5-2，并单击"完成"

按钮，进入右侧的虚拟机安装界面。

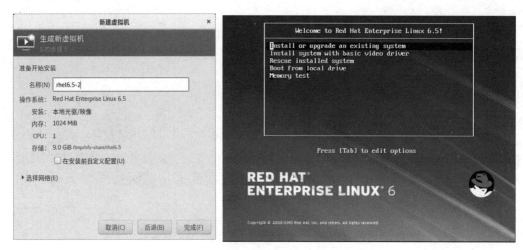

图 4-39　修改虚拟机名称

安装完成后，在"虚拟系统管理器"界面中将显示新安装的 rhel6.5-2，如图 4-40 所示。

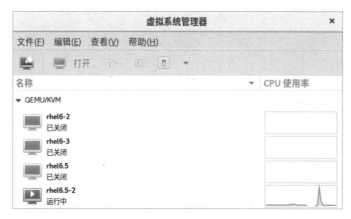

图 4-40　显示新安装的 rhel6.5-2

登录 rhel6.5-2，将 IP 地址修改为 172.24.2.40，以便测试连通性，如图 4-41 所示。

```
[root@rhel6 ~]# ifconfig
eth0      Link encap:Ethernet  HWaddr 52:54:00:23:90:2E
          inet addr:172.24.2.40  Bcast:172.24.255.255  Mask:255.255.0.0
          inet6 addr: fe80::5054:ff:fe23:902e/64 Scope:Link
          UP BROADCAST RUNNING MULTICAST  MTU:1500  Metric:1
          RX packets:40 errors:0 dropped:0 overruns:0 frame:0
          TX packets:50 errors:0 dropped:0 overruns:0 carrier:0
          collisions:0 txqueuelen:1000
          RX bytes:6287 (6.1 KiB)  TX bytes:4878 (4.7 KiB)
```

图 4-41　修改 IP 地址

（8）在 RHEL8-1 中建立与 RHEL8-2 的连接，执行 RHEL8-1 的"虚拟系统管理器"界面中的"文件"→"添加连接"命令，在打开的"添加连接"界面中输入远程主机 RHEL8-2 的用户名及主机名，并单击右下角的"连接"按钮，如图 4-42 所示。

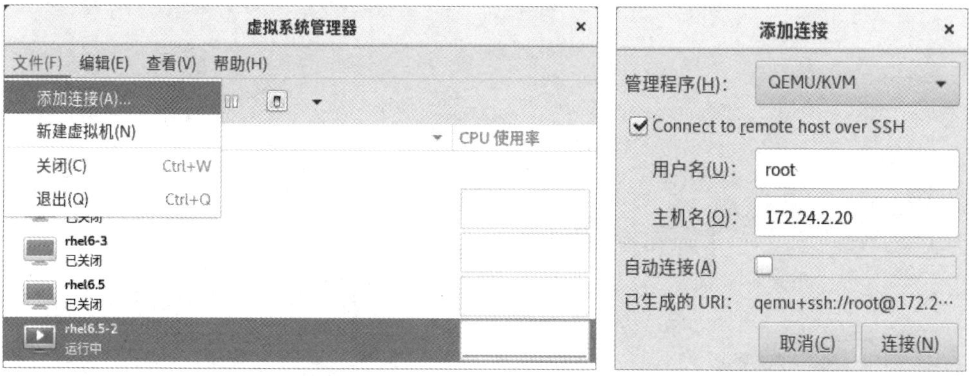

图 4-42　添加连接

（9）输入 RHEL8-2 的 root 账户登录密码，单击 OK 按钮，完成 RHEL8-1 和 RHEL8-2 的连接，如图 4-43 所示。

图 4-43　完成连接

（10）在热迁移 rhel6.5-2 的过程中，可以通过测试服务的连通性，检验业务是否中断。

```
[root@RHEL8 ~]# ping 172.24.2.40
PING 172.24.2.40 (172.24.2.40) 56(84) bytes of data.
64 bytes from 172.24.2.40: icmp_seq=1 ttl=64 time=18.4 ms
64 bytes from 172.24.2.40: icmp_seq=2 ttl=64 time=0.266 ms
64 bytes from 172.24.2.40: icmp_seq=3 ttl=64 time=0.261 ms
```

步骤 1：打开 RHEL8-1 的"虚拟系统管理器"界面，右击待迁移的 rhel6.5-2，在弹出的快捷菜单中选择"迁移"命令，在打开的"迁移虚拟机"界面中设置迁移主机的"地址"及"端口"，并勾选"允许不可靠"复选框，如图 4-44 所示。

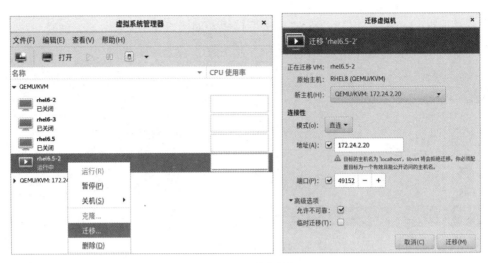

图 4-44　迁移虚拟机

**步骤 2**：如图 4-45 所示，rhel6.5-2 从 RHEL8-1 中转移到了 RHEL8-2 中。

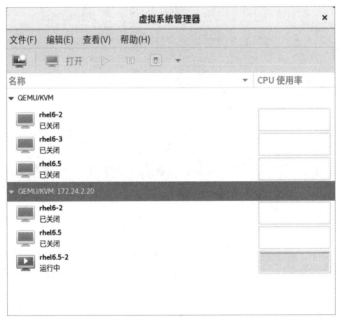

图 4-45　rhel6.5-2 转移到 RHEL8-2 中

**步骤 3**：查看 RHEL8-2 服务器中的 rhel6.5-2 可以发现，服务正常运行（可能会出现少数几个包丢失的情况）。

```
[root@RHEL8 ~]# ping 172.24.2.40
PING 172.24.2.40 (172.24.2.40) 56(84) bytes of data.
…
64 bytes from 172.24.2.40: icmp_seq=95 ttl=64 time=0.266 ms
```

64 bytes from 172.24.2.40: icmp_seq=96 ttl=64 time=0.287 ms
64 bytes from 172.24.2.40: icmp_seq=98 ttl=64 time=0.636 ms
64 bytes from 172.24.2.40: icmp_seq=99 ttl=64 time=0.287 ms
64 bytes from 172.24.2.40: icmp_seq=100 ttl=64 time=0.303 ms
64 bytes from 172.24.2.40: icmp_seq=101 ttl=64 time=0.264 ms

# 课后练习

一、填空题

1．在 virt-manager 的默认设置下需要使用_____，用户才能够使用该工具。

2．virt-manager 是通过 libvirt 管理虚拟机的_____。

二、简答题

简述 virt-manager 的功能。

# 项目五

## 虚拟网络的配置和管理

## 学习目标

一、知识目标

（1）了解虚拟网络模型。

（2）了解桥接的概念。

（3）了解软件定义网络及 GRE 协议。

（4）了解虚拟网络设备。

二、技能目标

（1）掌握使用 brctl 命令搭建虚拟网络的方法。

（2）掌握 Open vSwitch 的安装和配置的方法。

（3）掌握使用 Open vSwitch 搭建虚拟网络的方法。

三、素质目标

（1）增强安全意识、核心意识；

（2）树立共享发展理念。

## 项目描述

本项目通过搭建虚拟网络的任务完成桥接网络模型和 NAT 网络模型，通过配置虚拟交换机等任务熟悉虚拟网络设备和虚拟网络的配置方法，以及如何维护和管理虚拟网络。

## 相关知识

## 5.1　传统网络和虚拟网络

在传统网络的基础架构中，为了实现服务器之间的通信，每个服务器都包含一个或多个网络接口（NIC），它们连接到一个外部网络设施上。常见的物理网络设备有集线器、交换机、网桥、路由器、网关、网卡等。如图 5-1 所示为传统网络基础架构。

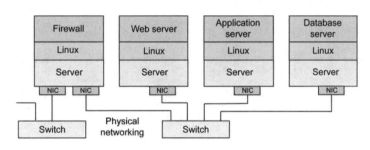

图 5-1　传统网络基础架构

近些年来，服务器和存储虚拟化技术的迅猛发展使得动态快速分配计算资源和存储资源成为很平常的事。相比之下，传统网络架构显得力不从心，成了整个资源分配流程中的短板。网络虚拟化就是把网络层的一些功能从硬件中剥离出来，建立了网络虚拟层。这使得应用本身无须关心很多传统意义上的网络信息，如路由、IP 等，而由网络虚拟层来托管。在底层的硬件中，很多复杂的信息及其配置也由网络虚拟层来托管。由于很多信息被抽取到网络虚拟层，使得管理和配置更为高效，并且也更容易实现配置的可编程化和一致性。虚拟网络基础架构如图 5-2 所示。

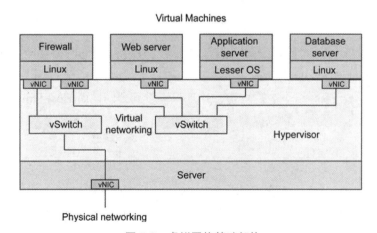

图 5-2　虚拟网络基础架构

# 5.2 虚拟网络模式

KVM 虚拟机提供的 3 种网络模式，分别是桥接网络模式、NAT 网络模式和隔离网络模式。网络拓扑图如图 5-3 所示。

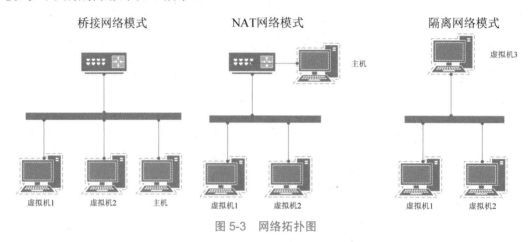

图 5-3 网络拓扑图

### 1. 桥接网络模式

桥接（Bridge）网络指本地物理网卡和虚拟网卡通过虚拟交换机进行桥接，物理网卡和虚拟网卡在网络拓扑图中处于同等地位。物理网卡和虚拟网卡处于同一个网络，虚拟交换机相当于一台现实网络中的交换机。当要在局域网中使用虚拟机来对局域网中的其他计算机提供如 FTP、SSH、HTTP 等服务时，要选择桥接网络模式。

### 2. NAT 网络模式

NAT 网络就是让虚拟机借助网络地址转换（Network Address Translation，NAT）功能，通过宿主物理机所在的网络来访问公网。在 NAT 网络模式中，虚拟网卡和物理网卡不在同一个网络中，虚拟网卡处于 KVM 提供的虚拟网络中。

### 3. 隔离网络模式

在隔离网络（Host-Only）模式中，虚拟网络是一个全封闭的网络环境，唯一能够访问的就是宿主物理机。Host-Only 网络和 NAT 网络的不同之处是由于 Host-Only 网络没有地址转换服务，使得虚拟网络不能通过宿主物理机连接到公网，而 Host-Only 网络建立了一个与外界隔绝的内部网络，可以提高内网的安全性。

## 5.3　虚拟网络设备 veth-pair

veth-pair 是一对虚拟设备接口，一端连着协议栈，一端彼此相连。它常常充当"桥梁"的角色，连接着各种虚拟网络设备，如两个 namespace 之间的连接等。namespace 是 Linux 2.6.x 内核版本之后支持的特性，主要用于资源的隔离。有了 namespace 后，一个 Linux 就可以抽象出多个网络子系统，各个子系统之间都有自己的网络设备、协议栈等，彼此之间互不影响。veth-pair 的连通性如图 5-4 所示。

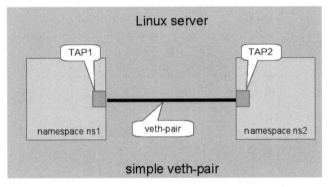

图 5-4　veth-pair 的连通性

## 5.4　分布式虚拟交换机

虚拟网络设施的开发关键之一就是虚拟交换机的开发。与传统的物理交换机相比，虚拟交换机的配置更加灵活。一台普通的服务器可以配置出数十台甚至上百台虚拟交换机，且端口数目可以灵活选择。虚拟交换机的所受限制与网络速度无关，而是与内存带宽有关。它允许本地的虚拟机之间的高效通信，并且可以使网络设施的花费最小化。一个服务器中的虚拟交换机能够透明地和其他服务器中的虚拟交换机连接，使服务器之间的虚拟交换机的迁移更简单。因为它们可以连接到另一个服务器的分布式虚拟交换机（如 Open vSwitch），并且能够透明地连接到它的虚拟交换网络。分布式虚拟交换机如图 5-5 所示。

Open vSwitch 项目由网络控制软件创业公司 Nicira Networks 支持，是在开源 Apache 2.0 许可下获得许可的生产级多层虚拟交换机。它通过编程扩展实现大规模的网络自动化，同时支持标准管理接口和协议（如 NetFlow、sFlow、IPFIX、RSPAN、CLI、LACP、802.1ag）。此外，它还支持跨多个物理服务器的分布。Open vSwitch 既可以作为在虚拟机管理程序中运行的软交换机，又可以作为交换芯片的控制堆栈。它已被移植到多个虚拟化平台和交换芯片组，支持 Xen、KVM、Proxmox VE 和 VirtualBox，并且被集成到许多虚拟管理系统中，包括 OpenStack、OpenQRM、OpenNebula 和 oVirt。它跟随 Linux 一起分发，且软件包可用于 Ubuntu、Debian、Fedora 和 OpenSUSE。注意，FreeBSD 和 NetBSD 也支持 Open vSwitch。

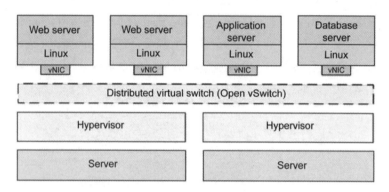

图 5-5　分布式虚拟交换机

## 5.5　GRE 协议及原理

通用路由封装（Generic Routing Encapsulation，GRE）协议是对某些网络层协议的数据报进行封装，使这些被封装的数据报能够在另一个网络层协议中传输。GRE 是 VPN 的第三层隧道协议，在协议层之间采用了一种被称为隧道（Tunnel）的技术。Tunnel 是一个虚拟的点对点的连接，在实际中可以看成仅支持点对点连接的虚拟接口。这个接口提供了一条通路，可以使封装的数据报在这个通路上传输，并且在一个 Tunnel 的两端分别对数据报进行封装及解封装。

一个报文要想在 Tunnel 中传输，必须要经过加封装与解封装的过程，如图 5-6 所示。

图 5-6　加封装与解封装的过程

### 1．报文加封装的过程

连接 Novell Group1 的接口收到 IPX 报文后，交由 IPX 处理，IPX 通过检查 IPX 报头中的目的地址域来确定如何路经此包。若目的地址被发现要路经网号为 1f 的网络（Tunnel 的虚拟网号）时，则将此报文发给网号为 1f 的 Tunnel 端口。Tunnel 端口在收到此包后，对其进行 GRE 封装，封装完成后交给 IP 模块处理。在封装 IP 数据报的报头后，根据此包的目的地址及路由表将报文交由相应的网络接口处理。

## 2. 报文解封装的过程

解封装的过程和加封装的过程相反。检查从 Tunnel 接口收到的 IP 报文的目的地址。当发现目的地址就是此路由器时，系统会剥掉此报文的 IP 报头，并将 IP 报头交给 GRE 协议模块处理（如检验密钥、检查校验和报文的序列号等）。当 GRE 协议模块完成相应的处理时，系统会剥掉 GRE 报头，交由 IPX 模块处理。此时，IPX 模块会像对待一般报文一样对此报文进行处理。

系统收到一个需要封装和路由的数据报，这个数据报被称为净荷（payload）。这个净荷首先会被加上 GRE 封装，成为 GRE 报文；然后会被封装在 IP 报文中，这样就可以完全由 IP 层负责此报文向前传输（forwarded）。人们常把这个负责向前传输的 IP 协议称为传输协议（Delivery protocol 或 Transport protocol）。封装好的报文的形式如图 5-7 所示。

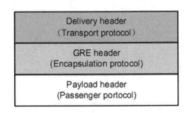 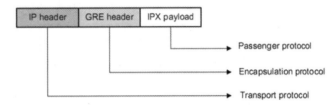

图 5-7　封装好的报文的形式

## 3. GRE 协议应用范围及注意事项

- 多协议的本地网通过单一协议的骨干网传输。
- 扩大了步跳数受限协议（如 RIP）的网络的工作范围。
- 将一些不能连续的子网连接起来，用于组建 VPN。
- 与 IPSec 结合使用，常用的是 GRE over IPSec。
- 只有在 Tunnel 两端都配置时才进行校验，Tunnel 两端配置的识别关键字完全一致时才能正常通信。

 项目实践

扫一扫
看微课

# 任务 5-1　使用 veth 连接两个 namespace

veth 提供了一种连接两个 network namespace 的方法。在本任务中将 veth pair 的两端 veth-ns1 和 veth-ns2 分别放入 ns1 和 ns2 这两个不同的 network namespace，就可以把这两

个 network namespace 连起来，形成一个点对点的二层网络。

（1）创建创建两个 network namespace ns1 和 ns2。

```
[root@RHEL8-1 ~]# ip netns add ns1
[root@RHEL8-1 ~]#ip netns add ns2
```

（2）创建一个 veth pair。

```
[root@RHEL8-1 ~]# ip link add veth-ns1 type veth peer name veth-ns2
```

（3）将 veth pair 一端的虚拟网卡放入 ns1，另一端放入 ns2，这样就相当于采用网线将两个 network namespace 连接起来了。

```
[root@RHEL8-1 ~]# ip link set veth-ns1 netns ns1
[root@RHEL8-1 ~]# ip link set veth-ns2 netns ns2
```

（4）为两个网卡分别设置 IP 地址，这两个网卡的地址位于同一个子网 192.168.1.0/24 中。

```
[root@RHEL8-1 ~]# ip -n ns1 addr add 192.168.1.1/24 dev veth-ns1
[root@RHEL8-1 ~]# ip -n ns2 addr add 192.168.1.2/24 dev veth-ns2
```

（5）使用 ip link 命令设置两张虚拟网卡状态为 up。

```
[root@RHEL8-1 ~]# ip -n ns1 link set veth-ns1 up
[root@RHEL8-1 ~]# ip -n ns2 link set veth-ns2 up
```

（6）从 ns1 ping ns2 的 ip 地址。

```
[root@RHEL8-1 ~]# ip netns exec ns1 ping 192.168.1.2
PING 192.168.1.2 (192.168.1.2) 56(84) bytes of data.
64 bytes from 192.168.1.2: icmp_seq=1 ttl=64 time=0.147 ms
64 bytes from 192.168.1.2: icmp_seq=2 ttl=64 time=0.034 ms
```

# 任务 5-2   实现桥接网络模型

扫一扫
看微课

在本任务中，通过 nmcli 命令实现 KVM 桥接网络模型。基础环境为：Windows 本地连接地址 192.168.1.6，VMnet8 分配到 Windows 的 IP 地址为 172.24.2.1。宿主机 RHEL8 的网卡 ens33 为 nat 模式，IP 地址为 172.24.2.129。RHEL8 新添加一块网卡 ens36 设为桥接模式，IP 地址为 192.168.1.14。kvm 虚拟机 rhel6-2 使用宿主机 RHEL8 的 default 网络，网络为 nat 模式，获取到 IP 地址为 192.168.122.230。

（1）查看宿主机 RHEL8 虚拟机网络情况。

```
[root@RHEL8 ~]#nmcli
ens36: 已连接  to ens36
        "Intel 82545EM"
        ethernet (e1000), 00:0C:29:17:96:47, 硬件, mtu 1500
        ip4 默认, ip6 默认
        inet4 192.168.1.14/24
```

```
        …
ens33: 已连接  to ens33
        "Intel 82545EM"
        ethernet (e1000), 00:0C:29:17:96:3D, 硬件, mtu 1500
        inet4 172.24.2.129/24
        …
virbr0: 已连接  to virbr0
        "virbr0"
        bridge, 52:54:00:24:70:3A, 软件, mtu 1500
        inet4 192.168.122.1/24
        route4 192.168.122.0/24
vnet0: 已连接  to vnet0
        "vnet0"
        tun, FE:54:00:D8:24:D7, 软件, mtu 1500
        主连接  virbr0
[root@RHEL8 ~]# virsh list
 Id     名称                         状态
 1      rhel6-2                      running
```

（2）测试 kvm 虚拟机 rhel6-2 和外网的彼此连通情况。

```
[root@rhel6-2 ~]#ping –c 2 www.baidu.com
PING www.baidu.com (183.232.231.174) 56(84) bytes of data.
64 bytes from 183.232.231.174: icmp_seq=1 ttl=56 time=15.4 ms
64 bytes from 183.232.231.174: icmp_seq=2 ttl=56 time=18.2 ms"
```

以上测试，可以发现虚拟机能连通外网。

```
C:\Users\sziit>ping 192.168.122.230
正在 Ping 192.168.122.230 具有 32 字节的数据:
请求超时。
```

以上测试发现 Windows 不能连通 kvm 虚拟机，符合 nat 模型的典型情况。

（3）宿主机 RHEL8 通过 nmcli 命令创建网桥 br0，配置 IP 地址 192.168.1.10。

```
[root@RHEL8 ~]#nmcli conn add type bridge con-name br0 ifname br0
[root@RHEL8 ~]#nmcli connection modify br0 ipv4.addresses '192.168.1.10/24' ipv4.gateway '192.168.1.1'
ipv4.dns '114.114.114.114' ipv4.method manual
```

（4）为网桥 br0 关联网卡 ens36 后启动 br0，关闭原连接 ens36。

```
[root@RHEL8 ~]#nmcli conn add type ethernet slave-type bridge con-name bridge-br0 ifname ens36 master br0
[root@RHEL8 ~]#nmcli conn up br0
[root@RHEL8 ~]# nmcli conn down ens36
```

（5）关闭虚拟机 rhel6-2，修改 XML 文件，使用 br0 网桥，启动 rhel6-2。

```
[root@RHEL8 ~]#virsh destroy rhel6-2
[root@RHEL8 qemu]#virsh edit rhel6-2    #参考项目 3 修改配置文件中特定信息,本节修改桥接网络为 br0

    <interface type='bridge'>
```

```
    <mac address='52:54:00:d8:24:d7'/>
    <source bridge='br0'/>
    <model type='virtio'/>
    <address type='pci' domain='0x0000' bus='0x00' slot='0x03' function='0x0'/>
  </interface>
...
[root@RHEL8 ~]#virsh start rhel6-2
```

（6）修改虚拟机网卡配置文件，其中 IP 地址 192.168.1.15 与 br0 的 IP 同网段，重启
网络服务。

```
[root@rhel6-2 ~]#vi /etc/sysconfig/network-script/ifcfg-eth0
DEVICE=eth0
BOOTPROTO=none
ONBOOT=yes
IPADDR=192.168.1.15
[root@rhel6-2 ~]#service network restart
```

（7）测试宿主机 RHEL8 与虚拟机 rhel6-2 连通性。

```
[root@ rhel6-2 ~]#ping –c 2 192.168.1.10
PING 192.168.1.10 (192.168.1.10) 56(84) bytes of data.
64 bytes from 192.168.1.10: icmp_seq=1 ttl=64 time=4.57 ms
64 bytes from 192.168.1.10: icmp_seq=2 ttl=64 time=2.23 ms
```

（8）测试 Windows 和虚拟机 rhel6-2 连通性，发现外网机器能够连通 kvm 虚拟机，符
合桥接模型的典型情况。

```
C:\Users\sziit>ping 192.168.1.15
正在 Ping 192.168.1.15 具有 32 字节的数据:
来自 192.168.1.15 的回复: 字节=32 时间=9ms TTL=64
来自 192.168.1.15 的回复: 字节=32 时间<1ms TTL=64
来自 192.168.1.15 的回复: 字节=32 时间<1ms TTL=64
来自 192.168.1.15 的回复: 字节=32 时间=1ms TTL=64

192.168.1.15 的 Ping 统计信息:
    数据包: 已发送 = 4，已接收 = 4，丢失 = 0 (0% 丢失),
往返行程的估计时间(以毫秒为单位):
    最短 = 0ms，最长 = 9ms，平均 = 2ms
```

扫一扫
看微课

# 任务 5-3    完成 NAT 网络模型

在本任务中，通过 virt-manager 图形化的方式完成 NAT 网络模型。

（1）打开宿主机的"虚拟系统管理器"界面，执行"编辑"→"连接详情"命令，如

图 5-8 所示。

（2）选择"虚拟网络"选项卡，先单击删除按钮，删除 default 网络，然后单击加号按钮添加虚拟网络，如图 5-9 所示。

图 5-8　"虚拟系统管理器"界面　　　　　　　图 5-9　添加虚拟网络

（3）创建虚拟网络 vbr。

步骤 1：设置"网络名称"为 vbr，并单击"前进"按钮，如图 5-10 所示。

步骤 2：先勾选"启用 IPv4 网络地址空间定义"复选框，并设置"网络"为 192.168.1.0/24，再勾选"启用 DHCPv4"复选框，并设置"开始"为 192.168.1.100，"结束"为 192.168.1.200，最后单击"前进"按钮，如图 5-11 所示。

图 5-10　为虚拟网络选择名称　　　　　图 5-11　为虚拟网络选择 IPv4 地址空间

步骤 3：取消勾选"启用 IPv6 网络地址空间定义"，并单击"前进"按钮，如图 5-12 所示。

步骤 4：选中"转发到物理网络"单选按钮，设置"目的"为"任意物理设备"，并单击"完成"按钮，如图 5-13 所示。

图 5-12　为虚拟网络选择 IPv6 地址空间

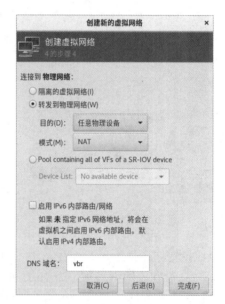

图 5-13　选择是否接入物理设备

（4）虚拟网络创建完成后，在"虚拟网络"选项卡的左侧显示刚刚创建好的虚拟网络 vbr，右侧显示虚拟网络相关参数设置，如图 5-14 所示。

图 5-14　"虚拟网络"选项卡

（5）进入 rhel6-2 的硬件详情界面，如图 5-15 所示。

图 5-15 进入 rhel6-2 的硬件详情界面

（6）修改 rhel6-2 的虚拟网卡 NIC，将"网络源"更改为"虚拟网络'vbr'：NAT"，"设备型号"更改为"rtl8139"，并单击"应用"按钮，如图 5-16 所示。

图 5-16 修改 rhel6-2 的虚拟网卡 NIC

（7）查看 rhel6-2 的网络情况可以发现获得了分配的 IP 地址 192.168.1.157，如图 5-17 所示。

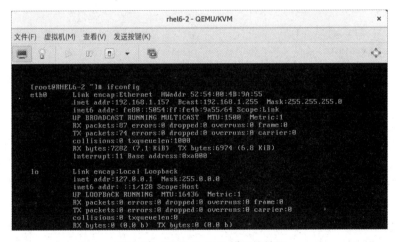

图 5-17 查看 rhel6-2 的网络情况

（8）使用 ping 命令测试 rhel6-2 和 RHEL8 的连通性，如图 5-18 所示。

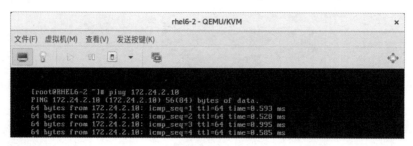

图 5-18　测试 rhel6-2 和 RHEL8 的连通性

# 任务 5-4　在 RHEL8 中安装 Open vSwitch

Open vSwitch（OVS）和 Linux 内核有对应关系，应根据 Linux 内核的版本选择合适的 Open vSwitch 版本。虽然 RHEL8 内核的版本是 4.18，可以选择安装 Open vSwitch2.11.x 以上指定版本，但是建议通过增加 OpenStack 存储库的方法，提取 Open vSwitch rpm 软件包并对其进行安装。

（1）查看当前 Linux 的版本，在本任务中添加阿里云镜像源作为软件仓库。

```
[root@RHEL8 ~]# cat /etc/redhat-release
Red Hat Enterprise Linux release 8.0 (Ootpa)
[root@RHEL8 ~]# rm -rf /etc/yum.repos.d/*
[root@RHEL8 ~]# curl -o /etc/yum.repos.d/CentOS-Base.repo http://mirrors.aliyun.com/repo/Centos-8.repo
```

（2）EPEL 是由 Fedora 社区打造，为 RHEL 及其衍生发行版本如 CentOS、Scientific Linux 等提供高质量软件包的项目。安装了 EPEL 后，就相当于添加了一个第三方源。添加 OpenStack 存储库，安装相关软件包。

```
[root@RHEL8 ~]# yum install -y epel-release
[root@RHEL8 ~]#yum install -y centos-release-openstack-train
```

> 注意 1：如果遇到 Waiting for process with pid xxxx to finish.，请使用 kill -9 xxxx 终止相关进程。
>
> 注意 2：如果遇到"下载的软件包保存在缓存中，直到下次成功执行事务。"，可以通过执行'dnf clean packages'命令删除软件包缓存。如果在使用 yum 命令安装时出现这个错误，则需要执行 sudo yum update 命令，更新后重新安装。

安装相关软件包。

```
[root@localhost ~]# yum install gcc pkgconfig autoconf automake libtool git make python3-devel openssl-devel kernel-devel kernel-debug-devel -y
```

克隆 Open vSwitch 源。运行 boot.sh 以构建 configure 脚本。

```
[root@localhost ~]#git clone https://github.com/openvswitch/ovs.git
```

```
[root@localhost ~]#cd ovs
[root@localhost ovs]# ./boot.sh
```

（3）编译并安装源码包。

```
[root@localhost ovs]# ./configure --prefix=/usr --localstatedir=/var --sysconfdir=/etc
[root@localhost ovs]# ./configure CC=gcc
[root@localhost ovs]# ./configure --with-linux=/lib/modules/$(uname -r)/build
```

> 注意：如果提示安装报错，即 configure: error: source dir /lib/modules/4.18.0-80.el8.x86_64/build doesn't exist，说明当前系统的内核源码在目录/usr/src/kernels 中可能版本不匹配或缺少源码，应使用 dnf 命令安装 kernel-devel。

```
[root@RHEL8 ovs]# dnf install kernel-devel
```

安装 kernel-devel 后，查看目录/usr/src/kernels 中的内容。

```
[root@RHEL8 ovs]# ls /usr/src/kernels
4.18.0-240.22.1.el8_3.x86_64
```

将原目录/lib/modules 中的软链接删除，重新生成一个新的链接。

```
[root@RHEL8 ovs]# rm /lib/modules/4.18.0-80.el8.x86_64/build
[root@RHEL8 ovs] # ln -s /usr/src/kernels/4.18.0-240.22.1.el8_3.x86_64   /lib/modules/4.18.0-80.el8.x86_64/build
```

执行以下编译命令。

```
[root@RHEL8 ovs]# make -j 4 && make install
```

（4）加载所需的内核模块，启动 Open vSwitch 的相关应用程序。

```
[root@RHEL8 ovs]# modprobe openvswitch
[root@RHEL8 ovs]# lsmod | grep openvswitch
[root@ RHEL8 ovs]# export PATH=$PATH:/usr/local/share/openvswitch/scripts
[root@ RHEL8 ovs]# ovs-ctl start
```

（5）建立 Open vSwitch 的配置文件和数据库，并根据 ovsdb 模板创建 ovsdb 数据库。ovsdb 数据库用于存储虚拟交换机的配置信息。

```
[root@RHEL8 ovs]# mkdir -p /usr/local/etc/openvswitch
[root@RHEL8 ovs]# ovsdb-tool create /usr/local/etc/openvswitch/conf.db vswitchd/vswitch.ovsschema
```

启动 Open vSwitch 之前，需要先启动 ovsdb-server 数据库。注意，后面的命令大部分是由两个 "-" 组成的。

```
[root@RHEL8 ovs]# ovsdb-server -v --remote=punix:/usr/local/var/run/openvswitch/db.sock --remote=db:
Open_vSwitch,Open_vSwitch,manager_options --private-key=db:Open_vSwitch,SSL,private_key --certificate=
db:Open_vSwitch,SSL,certificate --bootstrap-ca-cert=db:Open_vSwitch,SSL,ca_cert --pidfile --detach
```

在使用 ovsdb-tool 创建数据库时，需要用 ovs-vsctl 命令初始化数据库。

```
[root@RHEL8 ~]# ovs-vsctl --no-wait init
```

（6）启动 Open vSwitch 的主进程，查看 Open vSwitch 的进程是否已经启动。

```
[root@RHEL8 ~]# ovs-vswitchd --pidfile --detach
[root@RHEL8 ~]#ps auxf |grep ovs
```

（7）至此完成 Open vSwitch 的安装，查看安装 Open vSwitch 的版本号。

```
[root@RHEL8 ~]#ovs-vsctl --version
```

## 任务 5-5　熟悉 Open vSwitch 管理网桥的相关命令

完成了 Open vSwitch 的安装后，可以通过使用命令的方式对网桥进行管理。

```
[root@RHEL8 ~]#ovs-vsctl add-br br0                               //添加网桥 br0
[root@RHEL8 ~]#ovs-vsctl list-br                                  //列出 Open vSwitch 中的所有网桥
[root@RHEL8 ~]#ovs-vsctl br-exists br0                            //判断网桥是否存在
[root@RHEL8 ~]#ovs-vsctl add-port br0 eth0                        //将物理网卡挂接到网桥中
[root@RHEL8 ~]#ovs-vsctl add-port br0 my_port_name                //新建虚拟端并将虚拟端挂接到网桥中
    eg:ovs-vsctl add-port br0 gre0 -- set Interface gre0 type=gre options:remote_ip = XX.XX.XX.XX
[root@RHEL8 ~]#ovs-vsctl list-ports br0                           //列出网桥中的所有端口
[root@RHEL8 ~]#ovs-vsctl port-to-br eth0                          //列出所有挂接到网卡的网桥
[root@RHEL8 ~]#ovs-vsctl show                                     //查看 Open vSwitch 的网络状态
[root@RHEL8 ~]#ovs-vsctl del-port    br0 eth0                     //删除网桥中已挂接的网卡
[root@RHEL8 ~]#ovs-vsctl del-br br0                               //删除网桥
```

## 任务 5-6　使用 Open vSwitch 创建 GRE 隧道网络

本任务在虚拟机中启动 Open vSwitch，创建 GRE 隧道并对其进行验证。任务中使用的 GRE 隧道网络拓扑图如图 5-19 所示。

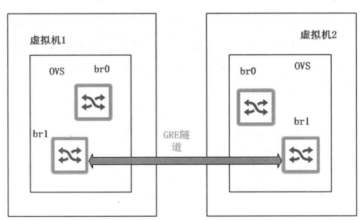

图 5-19　GRE 隧道网络拓扑图

（1）node-1 和 node-2 都分别拥有两块网卡，即 ens33 和 ens36。

```
[root@node-1 ~]# nmcli c
NAME        UUID                                      TYPE        DEVICE
ens33       0afd7fb5-cede-429f-8f1b-2250f8307e04      ethernet    ens33
ens36       6a491403-913b-421a-bf37-16d65a697df1      ethernet    ens36
[root@node-2 ~]# nmcli c
NAME        UUID                                      TYPE        DEVICE
ens33       c96bc909-188e-ec64-3a96-6a90982b08ad      ethernet    ens33
ens36       418da202-9a8c-b73c-e8a1-397e00f3c6b2      ethernet    ens36
```

（2）node-1 安装了 Open vSwitch，加载所需的内核模块，启动服务。

```
[root@node-1 ~]# ovs-vsctl show
083f6f7f-ce29-4311-9ead-6866256eff8e
ovs_version: "2.15.90"
[root@node-1 ~]# modprobe openvswitch
[root@node-1 ~]# export PATH=$PATH:/usr/local/share/openvswitch/scripts
[root@node-1 ~]# ovs-ctl start
ovsdb-server is already running.
ovs-vswitchd is already running.
Enabling remote OVSDB managers                                  [  OK  ]
```

（3）在 node-1 中创建连接 KVM 虚拟机的网桥 BR0 和隧道通信网桥 TUN。将物理网卡 ens33 加入 TUN 网桥，保证物理网络的连接。查看 node-1 的桥接情况。

```
[root@node-1 ~]# ovs-vsctl add-br BR0
[root@node-1 ~]# ovs-vsctl add-br TUN
[root@node-1 ~]# ovs-vsctl add-port TUN ens33
[root@node-1 ~]# ovs-vsctl show
083f6f7f-ce29-4311-9ead-6866256eff8e
    Bridge BR0
        Port BR0
            Interface BR0
                type: internal
    Bridge TUN
        Port TUN
            Interface TUN
                type: internal
        Port ens33
            Interface ens33
ovs_version: "2.15.90"
```

（4）在 node-1 中分别给 BR0 网桥和 TUN 网桥设置不同网段的 IP 地址，并启用网络设备。其中，BR0 网桥的 IP 地址为 192.168.4.1，TUN 网桥的 IP 地址为 192.168.1.103。

```
[root@node-1 ~]# ip addr add 192.168.4.1/24 dev BR0
```

```
[root@node-1 ~]# ip addr add 192.168.1.103/24 dev TUN
[root@node-1 ~]# ip link set BR0 up
[root@node-1 ~]# ip link set TUN up
[root@node-1 ~]# ip a
…
28: BR0: <BROADCAST,MULTICAST,UP,LOWER_UP> mtu 1500 qdisc noqueue state UNKNOWN group
default qlen 1000
    link/ether 2e:ef:3d:13:ae:46 brd ff:ff:ff:ff:ff:ff
    inet 192.168.4.1/24 scope global BR0
        valid_lft forever preferred_lft forever
    inet6 fe80::2cef:3dff:fe13:ae46/64 scope link
        valid_lft forever preferred_lft forever
29: TUN: <BROADCAST,MULTICAST,UP,LOWER_UP> mtu 1500 qdisc noqueue state UNKNOWN group
default qlen 1000
    link/ether 00:0c:29:17:96:3d brd ff:ff:ff:ff:ff:ff
    inet 192.168.1.103/24 scope global TUN
        valid_lft forever preferred_lft forever
    inet6 fe80::20c:29ff:fe17:963d/64 scope link
        valid_lft forever preferred_lft forever
```

（5）同样设置 node-2 并启用网络设备。其中，BR0 网桥的 IP 地址为 192.168.4.2；TUN 网桥的 IP 地址为 192.168.1.106。

```
[root@node-2 ~]# ovs-vsctl show
c3554625-8ea5-4033-99ba-df73c8139e79
    ovs_version: "2.15.90"
[root@node-2 ~]# modprobe openvswitch
[root@node-2 ~]# export PATH=$PATH:/usr/local/share/openvswitch/scripts
[root@node-2 ~]# ovs-ctl start
[root@node-2 ~]# ovs-vsctl add-br BR0
[root@node-2 ~]# ovs-vsctl add-br TUN
[root@node-2 ~]# ovs-vsctl add-port TUN ens33
[root@node-2 ~]# ovs-vsctl show
c3554625-8ea5-4033-99ba-df73c8139e79
    Bridge BR0
        Port BR0
            Interface BR0
                type: internal
    Bridge TUN
        Port ens33
            Interface ens33
        Port TUN
            Interface TUN
                type: internal
```

```
ovs_version: "2.15.90"
[root@node-2 ~]# ip addr add 192.168.4.2/24 dev BR0
[root@node-2 ~]# ip addr add 192.168.1.106/24 dev TUN
[root@node-2 ~]# ip link set BR0 up
[root@node-2 ~]# ip link set TUN up
```

（6）验证在创建 GRE 隧道网络前，node-1 和 node-2 之间是否无法通信。

```
[root@node-1 ~]# ping -c 2 192.168.4.2
PING 192.168.4.2 (192.168.4.2) 56(84) bytes of data.
From 192.168.4.1 icmp_seq=1 Destination Host Unreachable
From 192.168.4.1 icmp_seq=2 Destination Host Unreachable

--- 192.168.4.2 ping statistics ---
2 packets transmitted, 0 received, +2 errors, 100% packet loss, time 30ms
pipe 2
```

（7）在 node-1 中创建 GRE 隧道网络。

```
[root@node-1 ~]# ovs-vsctl add-port BR0 gre1 -- set interface gre1 type=gre
option:remote_ip=192.168.1.106
[root@node-1 ~]# ovs-vsctl show
083f6f7f-ce29-4311-9ead-6866256eff8e
    Bridge BR0
        Port gre1
            Interface gre1
                type: gre
                options: {remote_ip="192.168.1.106"}
        Port BR0
            Interface BR0
                type: internal
    Bridge TUN
        Port TUN
            Interface TUN
                type: internal
        Port ens33
            Interface ens33
ovs_version: "2.15.90"
```

（8）在 node-2 中创建 GRE 隧道网络。

```
[root@node-2 ~]# ovs-vsctl add-port BR0 gre1 -- set interface gre1 type=gre
option:remote_ip=192.168.1.103
[root@node-2 ~]# ovs-vsctl show
c3554625-8ea5-4033-99ba-df73c8139e79
    Bridge BR0
        Port gre1
```

```
            Interface gre1
                type: gre
                options: {remote_ip="192.168.1.103"}
        Port BR0
            Interface BR0
                type: internal
    Bridge TUN
        Port ens33
            Interface ens33
        Port TUN
            Interface TUN
                type: internal
ovs_version: "2.15.90"
```

（9）验证在创建 GRE 隧道网络后，node-1 和 node-2 之间是否可以正常通信。

```
[root@node-1 ~]# ping -c 2 192.168.4.2
PING 192.168.4.2 (192.168.4.2) 56(84) bytes of data.
64 bytes from 192.168.4.2: icmp_seq=1 ttl=64 time=1.87 ms
64 bytes from 192.168.4.2: icmp_seq=2 ttl=64 time=0.798 ms
--- 192.168.4.2 ping statistics ---
2 packets transmitted, 2 received, 0% packet loss, time 3ms
rtt min/avg/max/mdev = 0.798/1.335/1.873/0.538 ms

[root@node-2 ~]# ping -c 2 192.168.4.1
PING 192.168.4.1 (192.168.4.1) 56(84) bytes of data.
64 bytes from 192.168.4.1: icmp_seq=1 ttl=64 time=2.24 ms
64 bytes from 192.168.4.1: icmp_seq=2 ttl=64 time=1.04 ms
--- 192.168.4.1 ping statistics ---
2 packets transmitted, 2 received, 0% packet loss, time 3ms
rtt min/avg/max/mdev = 1.041/1.640/2.240/0.600 ms
```

## ✎ 课后练习

一、填空题

1．KVM 虚拟机提供的 3 种网络模式分别是_____、_____和_____模式。

2．软件定义网络是一种新型的网络架构，英文缩写是_____。

3．GRE 是_____的第三层隧道协议。

4．在一个虚拟交换机中，所受限制和_____无关，而是和_____有关。

二、简答题

简述 Open vSwitch 的功能。

三、操作题

使用 Open vSwitch 创建 VLAN 虚拟二层环境。要求 host1 和 host2 两台主机均安装 Open vSwitch。其中，host1 虚拟化出两台虚拟机，分别为 VM1、VM2；host2 虚拟化出两台虚拟机，分别为 VM3、VM。VM1 和 VM3 加入 VLAN100，VM2 和 VM4 加入 VLAN200，并测试 VM1 和 VM3 的连通性，测试 VM2 和 VM4 的连通性。

# 项目六

## 网络存储的搭建和使用

扫一扫
看微课

### 学习目标

一、知识目标

（1）了解主流的存储架构技术。

（2）了解分布式存储技术。

二、技能目标

（1）掌握 Openfiler 安装和配置的方法。

（2）掌握 NFS 和 iSCSI 存储搭建的方法。

（3）掌握 HDFS 和 MooseFS 安装、配置和使用的方法。

三、素质目标

（1）培养脚踏实地、稳扎稳打的职业素养；

（2）培养团结、协作的团队精神。

### 项目描述

随着存储技术的不断发展和完善，企业的 IT 技术架构正从以服务器为中心逐渐向以数据存储为中心的方向演变。此外，不断增长的数据量也让传统的基础架构、数据存储方式面临新的挑战。本项目重点介绍基于文件系统的存储和基于设备的存储。通过学习本项目，拓展读者存储虚拟化的知识。

相关知识

## 6.1　主流的存储架构技术

主流的存储架构技术包括直连式存储、网络接入存储和存储区域网络。

### 1. 直连式存储

直连式存储（Direct-Attached Storage，DAS）指将存储设备通过网络通道直接连接到一台计算机上或磁盘阵列上。DAS 依赖服务器主机的操作系统进行数据的 I/O 读写和存储维护管理，数据备份和恢复要求占用服务器的主机资源，数据流需要先回流主机再到服务器连接着的磁带机（库）。DAS 的数据量越大，备份和恢复的时间就越长，对服务器硬件的依赖性和影响就越大。由于一般数据备份要占用服务器主机资源的 20%～30%，因此许多企业用户的日常数据备份常常在深夜或业务系统不繁忙时进行，以免影响正常业务系统的运行。

DAS 与服务器主机之间通常采用 SCSI 连接，带宽为 10MB/s、20MB/s、40MB/s、80MB/s 等。虽然服务器主机的 CPU 处理能力越来越强，存储硬盘的空间越来越大，阵列的硬盘数量越来越多，但是服务器主机能够建立的 SCSI 通道连接有限，这使得 SCSI 通道成了数据输入/输出的瓶颈。此外，DAS 阵列容量的扩展，以及服务器主机从一台服务器扩展为多台服务器组成的群集（Cluster），都会造成业务系统的停机，从而给企业带来经济损失。由于 DAS 或服务器主机的升级扩展，只能由原设备厂商提供，所以其往往受原设备厂商的限制。

### 2. 网络接入存储

网络接入存储（Network-Attached Storage，NAS）指存储设备通过标准的网络拓扑结构连接到许多计算机上。20 世纪 80 年代末到 90 年代初，作为文件服务器的 NAS 的性能受到带宽的影响；后来随着快速以太网（100Mbps）、VLAN、Trunk（Ethernet Channel）以太网通道的出现，网络接入存储的读/写性能得到改善；而随着千兆以太网（1000Mbps）及万兆以太网（10000Mbps）的出现和投入使用，大大提高了 NAS 的存储性能，为 NAS 带来质的变化。

NAS 采用业界的标准协议——TCP/IP 网络进行数据交换。由于不同厂商的产品（如服务器、交换机等）只要满足协议标准就能够实现互联互通，因此 NAS 受到市场上民众的广泛认可。当然，NAS 也存在不足之处。其一是 NAS 使用网络进行备份和恢复，消耗带宽，这与将备份数据流从 LAN 中转移出去的存储区域网络不同。其二是 NAS 将存储事务由并行的 SCSI 连接转移到了网络上，即 LAN 除了必须处理正常的最终用户传输流，还必须处理包括备份操作的存储磁盘请求。此外，其可扩展性也受到了一定的限制，不适合大容量数据的存储。

### 3. 存储区域网络

存储区域网络（Storage Area Network，SAN）指采用光纤通道（Fibre Channel）技术，通过光纤通道交换机连接存储阵列和服务器主机，建立专用于数据存储的区域网络。SAN经过多年发展，采用的带宽从100MB/s、200MB/s发展到目前的1Gbps、2Gbps，已经成为业界的事实存储标准。SAN包括面向块和面向文件的存储产品。在SAN的结构中，NAS是每个应用服务器通过网络共享协议（如NFS、CIFS）使用的同一个文件管理系统。这些文件管理系统分别在每一个应用服务器上。NAS和SAN存储系统的区别是NAS有自己的文件管理系统，而SAN是在服务器和存储器之间用作I/O路径的专用网络。SAN的结构如图6-1所示。

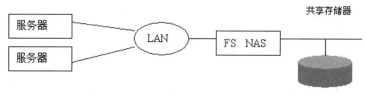

图 6-1　SAN 的结构

SAN的不足之处在于，其跨平台的性能没有NAS好。而且对于那些习惯使用NAS的用户来说，SAN的价格过高。此外，搭建SAN比在服务器后端安装NAS要复杂得多。

## 6.2　分布式存储技术

传统的网络存储技术采用集中的存储服务器存放所有数据，存储服务器成为系统性能的瓶颈，无法满足大规模存储应用的需要。而分布式存储技术采用可扩展的系统结构，使用多台存储服务器分担存储负荷，使用位置服务器定位存储信息，不但提高了系统的可靠性、可用性和存取效率，而且易于扩展。

分布式存储的关键技术有元数据管理技术、系统弹性扩展技术、存储层级内的优化技术，以及针对应用和负载的存储优化技术。

分布式存储技术考虑的因素包括可用性、一致性和分区容错性。考虑这些因素的主要原因是分布式存储技术需要使用多台服务器共同存储数据，以保证可用性。随着服务器数量的增加，服务器出现故障的概率大大加大，这就要求系统中的一部分服务器节点在出现故障之后，系统整体不影响客服端的读/写请求。虽然把一个数据分成多份存储在不同的服务器中可以保证在出现故障的情况下系统仍然可用，但是由于故障和并行存储等情况同时存在，在同一个数据的多个副本之间就可能存在不一致的情况，因此需要经常检查多个副本的数据的一致性。此外，分布式存储系统中的多台服务器通过网络进行连接，也无法保证网络一直通畅，因此分布式系统还需要一定的容错性来处理网络故障带来的问题。常见的分布式存储系统包括 HDFS、MooseFS 等。

### 1. HDFS

HDFS（Hadoop Distributed File System）是 Hadoop 项目的核心子项目，Hadoop 项目的核心子项目还包括资源管理系统（YARN）、分布式计算框架（MapReduce）。HDFS 是分布式计算中数据存储管理的基础，是基于流数据模式访问和处理超大文件的需求而开发的，可以运行于价格低廉的商用服务器上。它具有的高容错性、高可靠性、高可扩展性、高获得性、高吞吐率等特征不仅为海量数据提供了不怕故障的存储，而且为超大数据集（Large Data Set）的应用处理带来了很多便利。

HDFS 采用 Master/Slave 架构模式，即一个 Master（NameNode/NN）带多个 Slaves（DataNode/DN），集群包括 NameNode、DataNode、SecondaryNameNode。

① NameNode：管理 HDFS 的名称空间，存放元数据信息（如文件大小、位置、块索引），配置副本策略，处理客户机的读/写请求，分配 Client 去访问哪个从节点。

② DataNode：从节点存放真实文件（实际文件）即实际的数据块，执行数据块的读/写操作。NameNode 下达命令，DataNode 执行实际操作。

③ SecondaryNameNode：负责监控 HDFS 状态的辅助节点，每隔一段时间对 NameNode 的元数据进行合并，保持系统的最新快照，保持系统的更新和响应，以及避免数据丢失，类似于 Windows 的快照防止崩溃。

HDFS 的主从架构如图 6-2 所示。

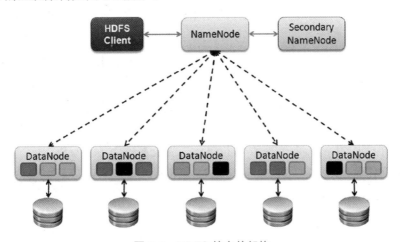

图 6-2　HDFS 的主从架构

HDFS 中默认块的大小为 128MB（Hadoop2.x 版本以前是 64MB），可以通过 dir.blocksize 来进行设置。通常这个块的大小远大于磁盘上的块（512Byte），其目的是在访问数据时使寻址占用的时间比例最低，访问效率（磁盘传输时间+文件寻址时间）更高。

（1）HDFS 的优点。

① 高性价比。通过增加副本的形式，提高可靠性。

② 高容错性。数据建立保存了多个副本，提供了容错和恢复机制，副本丢失后可以自动恢复。

③ 适合批处理。在移动计算时自动移动数据。

④ 适合大数据处理。可以处理 GB、TB，甚至 PB 级数据或百万规模以上的文件数量。

⑤ 流式文件访问。一次写入，可多次读取，以保证数据的一致性。

（2）HDFS 的缺点。

① 不适合低延迟数据访问场景，如毫秒级。

② 不适合小文件存取场景，占用 NameNode 的大量内存，寻道时间超过了读取时间。

③ 不适合并发写入。

④ 不支持超强的事务，没有像关系型数据库那样对事务有强有力的支持。

### 2. MooseFS

MooseFS 是一款具有冗余容错功能的分布式文件系统。它把数据分散在多台服务器上，以确保一份数据有多个备份副本，且对外提供统一的结构。MooseFS 由元数据服务器、元数据日志服务器、数据存储服务器、客户机 4 个部分组成。

① 元数据服务器。元数据服务器在整个体系中负责管理文件系统。目前，MooseFS 只支持一个元数据服务器，即 Master，也就是说，MooseFS 对 Master 有单点依赖，需要一个性能稳定的服务器来充当。希望今后 MooseFS 能支持多个元数据服务器，进一步提高系统的可靠性。

② 元数据日志服务器。备份 Master 的变化日志文件，文件类型为 changelog_ml.*.mfs。当元数据服务器的数据丢失或损毁时，可以从元数据日志服务器中取得文件进行恢复。

③ 数据存储服务器。数据存储服务器是真正存储用户数据的服务器。在存储文件时，首先把文件分成块，然后将这些块在数据服务器之间复制（复制份数可以手工指定，建议设置副本数为 3）。数据服务器可以有多个。其数量越多，可使用的"磁盘空间"越大，可靠性也越高。

④ 客户机。使用 MooseFS 来存储和访问的主机被称为 MooseFS 客户机。当成功挂接 MooseFS 文件系统后，就可以像使用 NFS 一样共享这个虚拟存储。

（1）MooseFS 的优点。

① 由于 MooseFS 是基于 GPL 发布的，因此其完全免费，并且开发和社区都很活跃，资料也非常丰富。

② MooseFS 轻量、易部署、易配置、易维护。

③ MooseFS 是通用文件系统，不需要修改上层应用就可以使用。

④ MooseFS 的扩容成本低、支持在线扩容，不影响业务，体系架构的可伸缩性极强。

⑤ MooseFS 在体系架构高时可以使用，且所有组件无单点故障。

⑥ MooseFS 在文件对象高时可以使用，且可以设置任意的文件冗余程度。

⑦ MooseFS 提供系统负载，可以将数据读/写分配到所有服务器上，加速读/写性能。

⑧ MooseFS 提供诸多高级特性，如类似 Windows 的回收站功能，以及类似 Java 的垃圾回收、快照功能等。

⑨ MooseFS 是 Google Filesystem 的一个 C 实现。

⑩ MooseFS 自带 Web Gui 的监控接口。

⑪ 使用 MooseFS 可以提高随机读/写效率和海量小文件的读/写效率。

（2）MooseFS 的缺点。

① Master Server 本身的性能瓶颈。MooseFS 的主从架构情况类似于 MySQL 的主从复制，从节点可以扩展，主节点不容易扩展。

② 随着 MooseFS 体系架构中存储文件总数的上升，Master Server 对内存的需求量会不断增大。根据官方网站提供的数据可知，8GB 的内存对应 2500 万的文件数量，2 亿数量的文件需要 64GB 的内存。

③ Master Server 的单点解决方案的健壮性。目前，官方网站自带的是把数据信息从 Master Server 同步到 Metalogger Server 上，Master Server 一旦出现问题，虽然 Metalogger Server 可以恢复升级为 Master Server，但是需要恢复时间。

④ Metalogger Server 复制元数据的间隔时间较长。

 项目实践

 扫一扫
看微课

## 任务 6-1　安装 Openfiler

 扫一扫
看微课

Openfiler 是一款开源、免费的存储管理操作系统，通过 Web 界面管理磁盘。Openfiler 支持流行的网络存储技术，如 IP-SAN 和 NAS，支持 iSCSI、NFS、SMB/CIFS 及 FTP 等协议。Openfiler 也可以依赖服务器虚拟化技术部署一台虚拟机实例。这种灵活、高效的部署方式，可以确保存储管理员能够在一个或多个网络存储环境下使系统的性能和存储资源得到最佳利用和分配。Openfiler 的主要优点如下。

① 可靠性。支持软件和硬件的 RAID，能监测和预警，并且可以做"卷"的快照和快速恢复。

② 高可用性。支持主动或被动的高可用性集群、多路径存储、块级别的复制。

③ 性能好。支持各种 CPU、网络和存储硬件。

④ 可伸缩性。文件系统可扩展性最高可超出 60TB，并能使文件系统在线增长。

从 Openfiler 官方网站上下载 Openfiler NAS/SAN Appliance, version 2.99 镜像。这个镜像基于 RHEL6 定制，内核使用 2.6.32，提供的是 x86_64 位的版本。

（1）参考安装 RHEL6 的步骤在 VMware Workstation 中安装 Openfiler2.99。安装模式有图形界面和文本界面两种。在图 6-3 所示界面中按回车键进入图形界面安装模式。

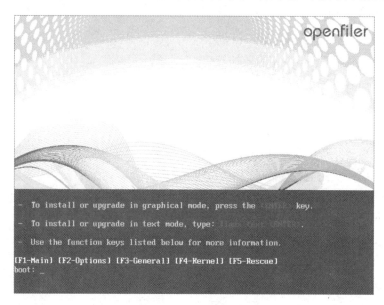

图 6-3　Openfiler2.99 安装界面

（2）在 Openfiler 欢迎界面中，单击 Next 按钮，进入下一步操作，如图 6-4 所示。

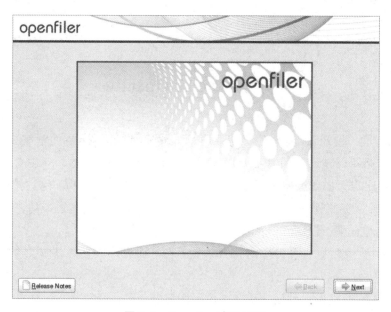

图 6-4　Openfiler 欢迎界面

（3）选择键盘布局，在列表框中选择默认的 U.S.English，单击 Next 按钮，进入下一步操作，如图 6-5 所示。

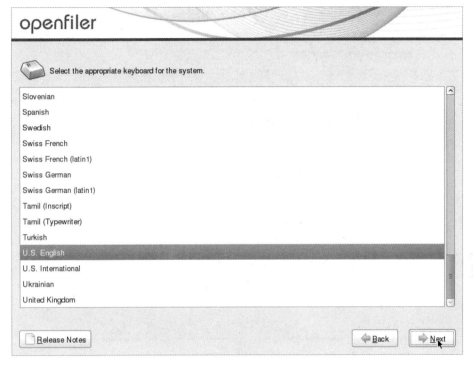

图 6-5　选择键盘布局

（4）初次使用会提示初始化磁盘警告，此时应单击 Yes 按钮确认，如图 6-6 所示。将磁盘分区默认设置为自动分区，单击 Next 按钮，确认生成 sda 磁盘，如图 6-7 所示。

图 6-6　确认初始化磁盘

（5）在网络设置中主要设置是否使用 DHCP、IP、主机名、网关、DNS 等。初次使用可以采用默认的动态分配 IP 设置，并单击 Next 按钮，如图 6-8 所示。

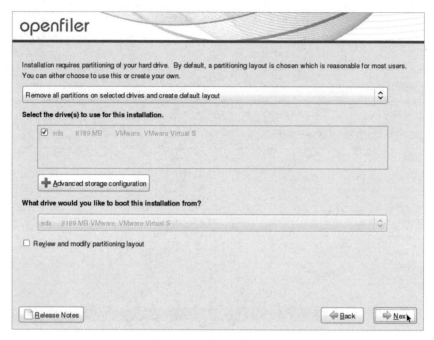

图 6-7 默认设置自动分区

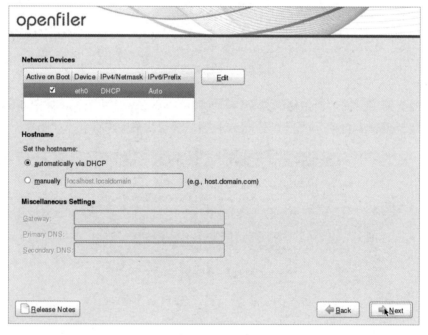

图 6-8 网络设置

（6）选择时区为 Asia/Shanghai，单击 Next 按钮，如图 6-9 所示。

（7）设置系统管理员密码完成后，单击 Next 按钮，如图 6-10 所示。

（8）单击 Next 按钮，开始安装 Openfiler，如图 6-11 所示。

图 6-9    选择时区

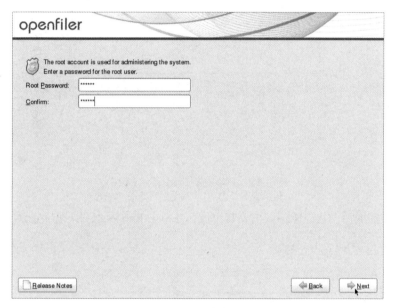

图 6-10    设置系统管理员密码

图 6-11    开始安装 Openfiler

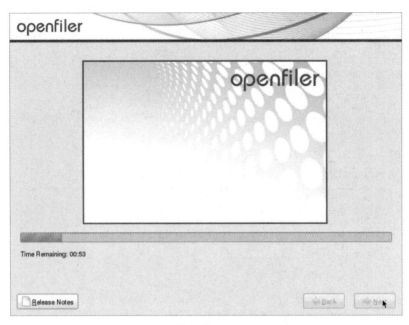

图 6-11　开始安装 Openfiler（续）

（9）安装完成后，从光驱中取出安装镜像，并单击 Reboot 按钮，重启计算机，如图 6-12 所示。

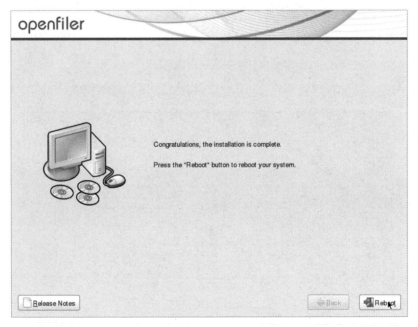

图 6-12　重启计算机

（10）Openfiler 的默认用户名为 openfiler，密码为 password。登录 Openfiler 如图 6-13 所示。

图 6-13　登录 Openfiler

（11）在 RHEL8 的浏览器中输入 https://172.24.2.129:446/，打开 Openfiler 的 Web 界面。这里的 172.24.2.129 为当前 Openfiler 的 IP 地址，446 为服务端口，如图 6-14 所示。

如果高版本浏览器连接提示错误代码 SSL_ERROR_UNSUPPORTED_VERSION，那么表示不支持 TLS 低版本协议，可以下载低版本浏览器再次连接。

图 6-14　Openfiler 的 Web 界面

扫一扫
看微课

扫一扫
看微课

# 任务 6-2　使用 Openfiler 搭建 NFS 存储

NFS 是 Network File System（网络文件系统）的缩写。它是在 Linux 之间实现磁盘文件共享的一种方法，支持应用程序在客户机通过网络访问位于服务器磁盘中的数据。互联网中的小型网站集群架构后端常用 NFS 进行数据共享，如存储共享视频、图片等静态数据。其默认不加密，并且不像 Samba 服务一样需要提供用户身份鉴别。一般 NFS 的服务端通过限定客户机的 IP 地址和端口来限制访问。

在本任务中，通过 VMware Workstation 为 Openfiler 添加一块容量为 1GB 的磁盘作为 NFS 共享磁盘。下面在 Openfiler 中执行创建物理卷、创建卷组、创建逻辑卷、共享设置策略、网络访问控制策略、启用和启动共享、测试 NFS 共享存储的可用性的操作步骤。登录 Openfiler，可以看到菜单栏如图 6-15 所示。

图 6-15　菜单栏

菜单栏中的信息如下。

Status：用于查看系统的当前运行状态和系统配置信息。

System：用于进行系统设置，包括网络设置、时钟设置、系统关机和重启、系统更新、备份恢复等。

Volumes：卷管理功能。

Cluster：集群设置。

Quota：配额管理。

Shares：存储共享。

Services：服务管理、启用/禁用、启动/关闭。

Accounts：账户管理。

**1．创建物理卷**

（1）选择 Volumes 选项卡。在右侧选择 Block Devices 选项，左侧的 Block Device Management 列表用来对物理磁盘进行管理，在 Block Device Management 列表中/dev/sdb 是新添加的容量为 1GB 的磁盘，如图 6-16 所示。单击/dev/sdb 链接，进入创建分区界面。

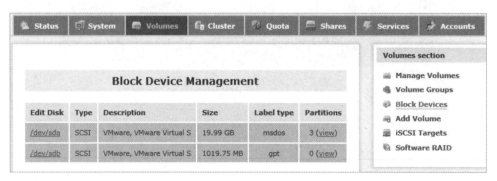

图 6-16　管理物理磁盘

（2）在 Create a partition in /dev/sdb 界面中，单击 Create 按钮创建物理卷分区，如

图 6-17 所示。

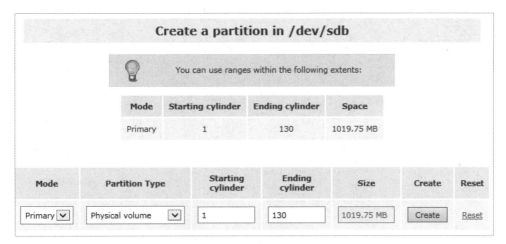

图 6-17　创建物理卷分区

（3）新创建的分区/dev/sdb1 即为物理卷。物理卷的情况如图 6-18 所示。

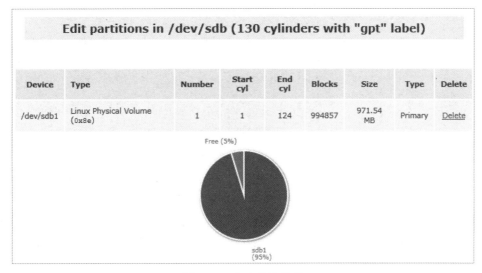

图 6-18　物理卷的情况

2．创建卷组

在右侧的 Volumes section 选项组中选择 Volume Groups 选项，对卷组进行管理。在左侧可以看到前面创建的物理卷/dev/sdb1。

（1）勾选要添加到卷组的物理卷/dev/sdb1 前面的复选框，设置即将创建的卷组的名称为 vg1，并单击 Add volume group 按钮将物理卷/dev/sdb1 添加到卷组 vg1 中，如图 6-19 所示。

（2）卷组 vg1 的相关信息如图 6-20 所示。

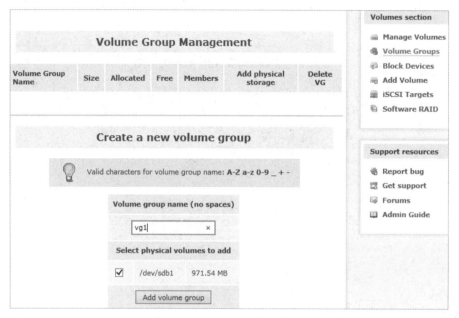

图 6-19　添加物理卷到卷组中

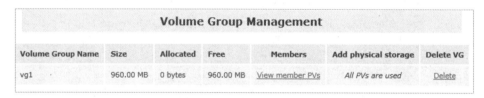

图 6-20　卷组 vg1 的相关信息

### 3．创建逻辑卷

（1）在卷组 vg1 中创建逻辑卷。在 Volumes section 选项组中选择 Add Volume 选项进入添加逻辑卷界面。首先在 Select Volume Group 选项组中选择卷组 vg1，然后单击 Change 按钮，如图 6-21 所示。

图 6-21　选择创建逻辑卷的卷组

（2）在 Create a volume in "vg1" 选项组中设置要创建的逻辑卷的名称、逻辑卷的描述、需要分配给该逻辑卷的大小，以及逻辑卷的文件类型等，并单击 Create 按钮，创建逻辑卷，如图 6-22 所示。注意，暂时不要选择 block 类型，选择的 XFS 和 Ext*等类型可以立刻在逻辑卷上创建文件，对外提供文件共享服务。

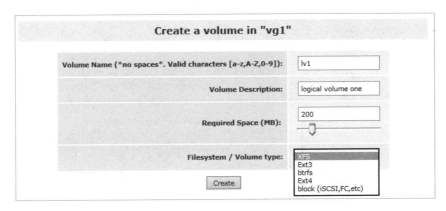

图 6-22　创建逻辑卷

**4．共享设置策略**

（1）在 Openfiler 中的 Shares 选项卡中可以对文件进行共享设置。在图 6-23 中选择逻辑卷，弹出创建逻辑卷子文件夹的界面。在界面中输入文件夹的名称 data，并单击 Create Sub-folder 按钮，创建子文件夹。

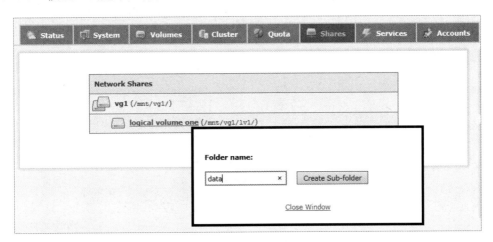

图 6-23　创建子文件夹

（2）选择子文件夹 data，在弹出的界面中还可以创建更多的子文件夹并设置共享。在图 6-24 中，单击 Make Share 按钮，进入共享设置界面设置共享。

（3）进入共享设置界面后，可以选择 Share Access Control Mode 或 Host access configuration 两种模式。如果选择 Host access configuration，需要先设置网络访问控制策略。如图 6-25 所示，在 Share Access Control Mode 选项组中有 Public guest access 和 Controlled access 两个单选按钮。当选中 Public guest access 单选按钮时，用户不需要目录或权限服务器的认证就可以访问共享；当选中 Controlled access 单选按钮时，用户需要 Group access 和 Host access 的联合才可以实现访问共享。此时，选中 Controlled access 单选按钮后单击 Update 按钮。

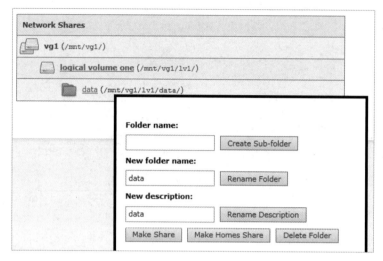

图 6-24　设置共享

图 6-25　选择共享访问控制模式

5. 网络访问控制策略

（1）选择 System 选项卡，在右侧选择 Network Setup 选项，如图 6-26 所示。

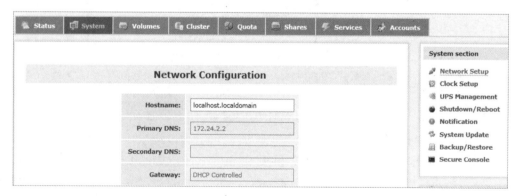

图 6-26　选择 Network Setup 选项

（2）Network Setup 选项用于设置网络访问策略。每一个策略都可以针对主机的 IP 地址或网段进行权限设置，以达到控制访问的目的。这里设置访问网络策略的名称为 share，Network/Host 选项中的 0.0.0.0 代表允许网络中的所有主机访问共享存储空间。单击 Update

按钮，更新网络访问策略，如图 6-27 所示。

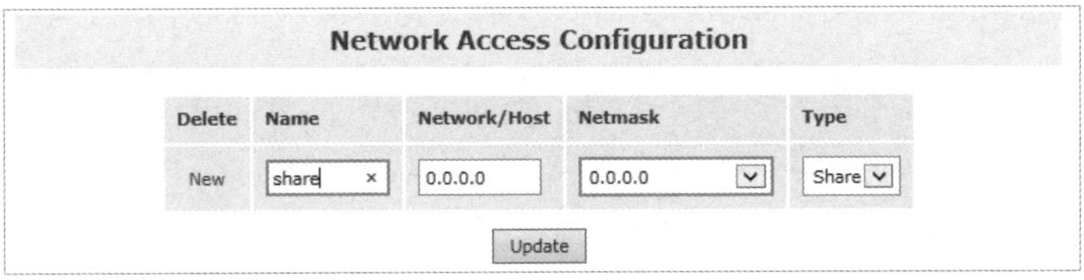

图 6-27　更新网络访问策略

6．启用和启动共享

（1）先选择 Services 选项卡，再在左侧的 Manage Services 列表中分别选择启用和启动 CIFS Server 和 NFS Server 选项，其状态均分别变为 Enable 和 Running，如图 6-28 所示。

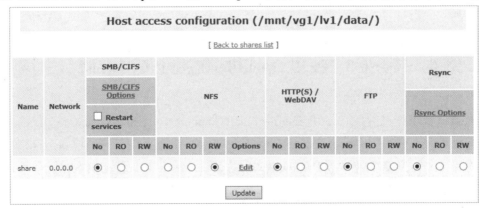

图 6-28　分别启用和启动 CIFS Server 和 NFS Server 选项

（2）返回 Openfiler 的 Shares 选项卡中共享设置策略。可以发现在 Host access configuration 列表中出现了 share。此时，选中 NFS 选项下的 RW 单选按钮，并单击 Update 按钮，这里的修改会写入 Openfiler 的/etc/exports 文件。更新主机访问配置如图 6-29 所示。

图 6-29　更新主机访问配置

7. 测试 NFS 共享存储的可用性

（1）在 RHEL8 中查看 Openfiler 上的 NFS 的共享情况。

```
[root@RHEL8 ~]# showmount -e 172.24.2.129
Export list for 172.24.2.129:
/mnt/vg1/lv1/data 0.0.0.0/0.0.0.0
```

（2）RHEL8 挂载 Openfiler 上 NFS 的共享目录。

```
[root@RHEL8 ~]# mkdir /mnt/nfs
[root@RHEL8 ~]# mount -t nfs 172.24.2.129:/mnt/vg1/lv1/data    /mnt/nfs
[root@RHEL8 ~]# df -h
```

| 文件系统 | 容量 | 已用 | 可用 | 已用% | 挂载点 |
|---|---|---|---|---|---|
| devtmpfs | 1.5G | 0 | 1.5G | 0% | /dev |
| tmpfs | 1.5G | 0 | 1.5G | 0% | /dev/shm |
| tmpfs | 1.5G | 18M | 1.5G | 2% | /run |
| tmpfs | 1.5G | 0 | 1.5G | 0% | /sys/fs/cgroup |
| /dev/mapper/rhel-root | 26G | 9.0G | 18G | 35% | / |
| /dev/sr0 | 6.7G | 6.7G | 0 | 100% | /mnt/iso |
| /dev/sda1 | 1014M | 169M | 846M | 17% | /boot |
| tmpfs | 301M | 16K | 301M | 1% | /run/user/42 |
| tmpfs | 301M | 48K | 301M | 1% | /run/user/0 |
| 172.24.2.129:/mnt/vg1/lv1/data | 220M | 12M | 208M | 6% | /mnt/nfs |

（3）在 RHEL8 中创建一个大小为 1MB 的文件 d，测试共享存储是否可用。

```
[root@RHEL8 ~]# dd if=/dev/zero of=/mnt/nfs/d bs=1024 count=1024
记录了 1024+0 的读入
记录了 1024+0 的写出
1048576 bytes (1.0 MB, 1.0 MiB) copied, 0.075936 s, 13.8 MB/s
[root@RHEL8 ~]# cd /mnt/nfs;ls -l
总用量 1024
-rw-rw-rw-+ 1 96 96 1048576 2 月    17 16:02 d
```

扫一扫
看微课

# 任务 6-3    使用 Openfiler 搭建 iSCSI 存储

扫一扫
看微课

Internet 小型计算机系统接口（Internet Small Computer System Interface，iSCSI）是 2003 年互联网工程任务组（Internet Engineering Task Force，IETF）制订的一项 bcm5722 ISCSI 网卡标准，用于将 SCSI 数据块映射成以太网数据包。从根本上说，iSCSI 是一种利用 IP 网络来传输潜伏时间短的 SCSI 数据块的方法，iSCSI 使用以太网协议传送 SCSI 命令、响应和数据，用来建立和管理 IP 存储设备、主机和客户机等之间的互相连接，并创建 SAN。SAN 使得 SCSI 应用于高速数据传输网络成为可能，这种传输以数据块级别（block-level）

在多个数据存储网络之间进行。iSCSI 存储示意图如图 6-30 所示。

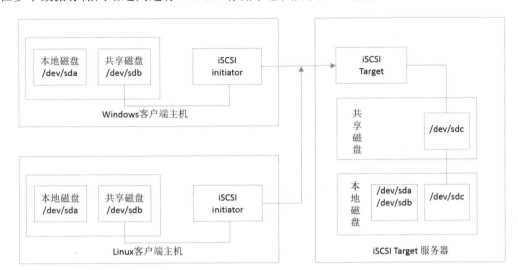

图 6-30 iSCSI 存储示意图

### 1. iSCSI 的工作过程

当 iSCSI 主机应用程序发出数据读/写请求时，操作系统会生成一个相应的 SCSI 命令。这个 SCSI 命令在 iSCSI initiator 层被封装成 iSCSI 消息包并通过 TCP/IP 网络传送到设备侧，设备侧的 iSCSI Target 层会解开 iSCSI 消息包，得到 SCSI 命令的内容，并将其传送给 SCSI 设备执行。设备执行 SCSI 命令后的响应，在经过设备侧的 iSCSI Target 层时被封装成 iSCSI 响应 PDU，通过 TCP/IP 网络传送给主机的 iSCSI initiator 层，iSCSI initiator 层会先从 iSCSI 响应 PDU 中解析出 SCSI 响应并将其传送给操作系统，操作系统再响应给应用程序。

### 2. iSCSI 启动器

从本质上说，iSCSI 启动器是一个客户机设备，连接到服务器提供的某一服务，并发起对该服务的请求。如果使用 iSCSI 启动器创建 Oracle RAC，iSCSI 启动器的软件需要安装在每个 Oracle RAC 上。iSCSI 启动器既可以用软件实现，又可以用硬件实现。iSCSI 软件启动器可以用于大部分主要操作系统平台，可以使用 iscsi-initiator-utils RPM 中提供的免费的 Linux Open-iSCSI 软件驱动程序。iSCSI 软件启动器通常与标准网络接口卡（大多数情况下是千兆位以太网卡）配合使用。iSCSI 硬件启动器是一个 iSCSI HBA 或 TCP 卸载引擎（TOE）卡，本质上只是一个专用以太网卡。它中的 SCSI ASIC 可以从系统 CPU 内卸载所有工作（TCP 和 SCSI 命令）。iSCSI HBA 可以从许多供应商处购买，包括 Adaptec、Alacritech、Intel 和 QLogic 等。

### 3. iSCSI 目标

iSCSI 目标是 iSCSI 网络的"服务器"组件，通常是一个存储设备，包含所需的信息并响应来自一个或多个启动器的请求。

在本任务中将 Openfiler 作为 iSCSI 目标服务器。在此需要执行创建物理卷、创建卷组、创建逻辑卷、配置网络访问、启动 iSCSI 服务、创建 iSCSI 目标 6 个步骤。

（1）创建物理卷。

在 VMware Workstation 中为 Openfiler 添加 4 块容量均为 20GB 的硬盘，通过浏览器连接 Openfiler。在菜单栏中选择 Volumes 选项卡后，在右侧选择 Block Devices 选项，在左侧可以看到安装了系统的硬盘 sda。如果为硬盘 sdb、sdc、sdd、sde、sdf 做好分区，Partitions 将会从 0 变成 1，如图 6-31 所示。

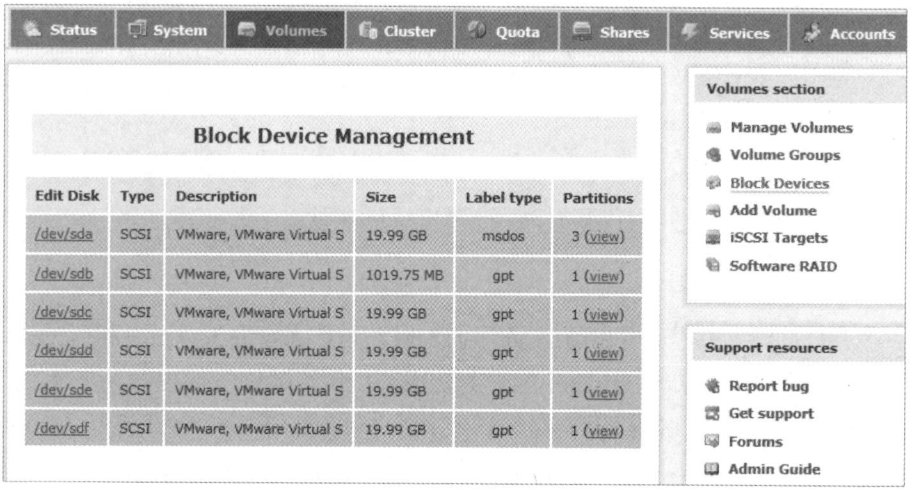

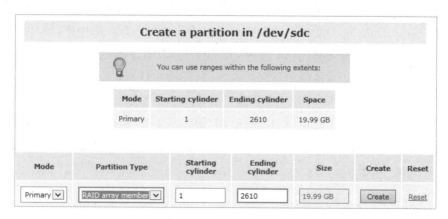

图 6-31　查看系统磁盘

（2）创建卷组。

步骤 1：选择对应的硬盘（如/dev/sdc 等）创建磁盘分区，并用 sdc、sdd、sde、sdf 4 块硬盘创建软 RAID。先选择 Partition Type 为 RAID array member，再单击 Create 按钮，其余 3 块盘进行同样的操作，如图 6-32 所示。

图 6-32　创建磁盘分区

步骤 2：先在右侧选择 Software RAID 选项，再在左侧设置 Select RAID array type 为 RAID-5（parity），并勾选新添加的 4 个磁盘分区前面的复选框，其中 3 个磁盘分区均建立 RAID，1 个磁盘分区备用，最后单击 Add array 按钮创建 RAID-5 阵列，如图 6-33 所示。

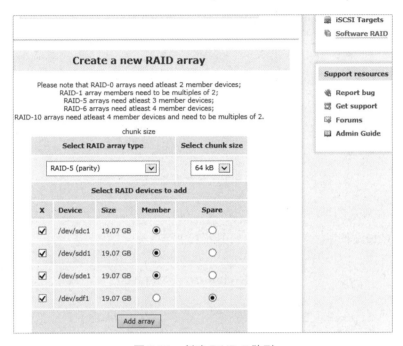

图 6-33　创建 RAID-5 阵列

步骤 3：先选择右侧的 Volume Groups 选项，再勾选/dev/md0 前面的复选框，并设置卷组名称为 iscsi_vg0，最后单击 Add volume group 按钮，添加卷组，如图 6-34 所示。

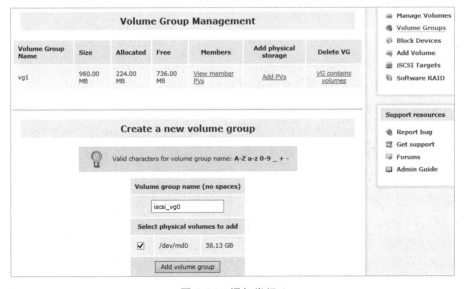

图 6-34　添加卷组 1

（3）创建逻辑卷。

步骤 1：先在右侧选择 Add Volume 选项，再在左侧选择卷组 iscsi_vg0，最后单击 Change 按钮，添加卷组，如图 6-35 所示。

图 6-35　添加卷组 2

步骤 2：在显示的界面中设置卷名为 iscsi_lv0，并将大小设置为 10240MB，类型选择 block，单击 Create 按钮。创建逻辑卷如图 6-36 所示。

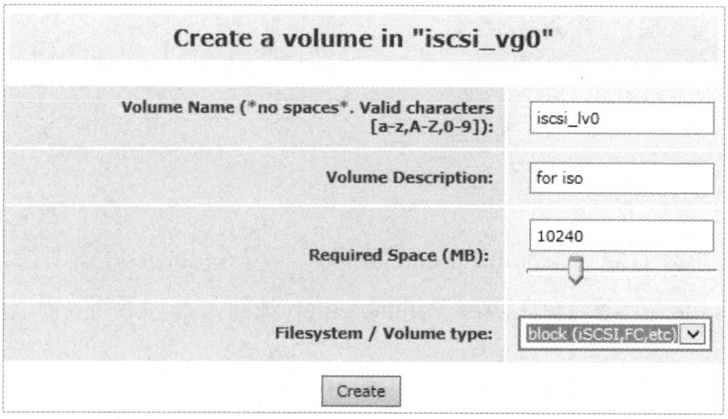

<table>
<tr><td colspan="2" align="center">Create a volume in "iscsi_vg0"</td></tr>
<tr><td>Volume Name (*no spaces*. Valid characters<br>[a-z,A-Z,0-9]):</td><td>iscsi_lv0</td></tr>
<tr><td>Volume Description:</td><td>for iso</td></tr>
<tr><td>Required Space (MB):</td><td>10240</td></tr>
<tr><td>Filesystem / Volume type:</td><td>block (iSCSI,FC,etc)</td></tr>
<tr><td colspan="2" align="center">Create</td></tr>
</table>

图 6-36　创建逻辑卷

步骤 3：创建完成后的 iscsi_lv0 卷如图 6-37 所示。

（4）配置网络访问。

选择菜单栏中的 System 选项卡，在 Network Access Configuration 列表中添加网络策略 test，并允许 IP 地址 172.24.2.1 访问，单击 Update 按钮，如图 6-38 所示。

（5）启动 iSCSI Target 服务。

选择菜单栏中的 Services 选项卡，并启动 iSCSI Target 服务，如图 6-39 所示。

（6）创建 iSCSI 目标。

步骤 1：选择菜单栏中的 Volumes 选项卡，选择右侧的 iSCSI Targets 选项，在左侧添加新的 iSCSI Target。注意，这个 Target IQN 是系统自动生成的，只需要单击 Add 按钮即可，如图 6-40 所示。

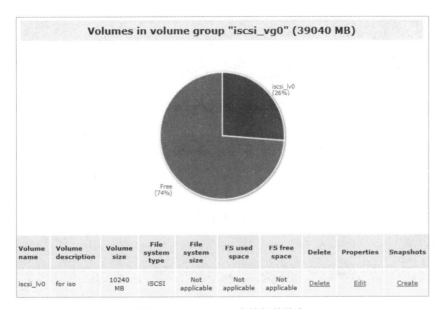

图 6-37　iscsi_lv0 卷的相关信息

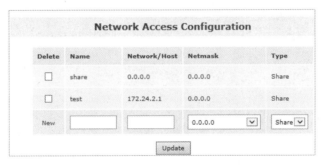

图 6-38　设置网络策略

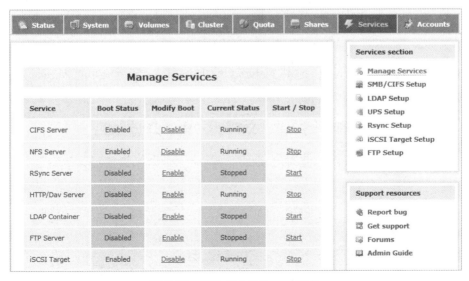

图 6-39　启动 iSCSI Target 服务

图 6-40　添加 Target IQN

步骤 2：LUN 映射。选择 LUN Mapping 选项卡，单击 Map 按钮，挂载 iscsi_lv0 卷，如图 6-41 所示。

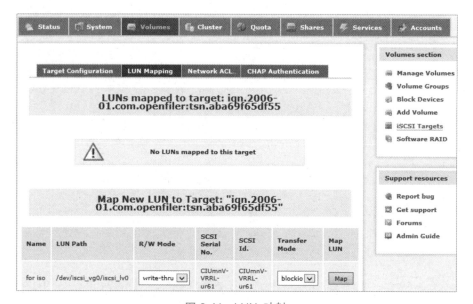

图 6-41　LUN 映射

步骤 3：网络 ACL 的设置。选择 Network ACL 选项卡，设置 test 的 Access 为 Allow，并允许放行 172.24.2.1，单击 Update 按钮，如图 6-42 所示。

图 6-42　网络 ACL 的设置

步骤 4：认证 CHAP。选择 CHAP Authentication 选项卡，添加 CHAP user to target。先设置用户名为 user1，再输入密码，最后单击 Add 按钮，如图 6-43 所示。

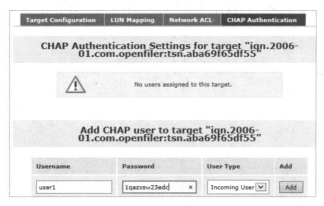

图 6-43 认证 CHAP

先在菜单栏中选择 Services 选项卡，再选择右侧的 iSCSI Target Setup 选项，在左侧更新密码，如图 6-44 所示。配置完成后，需要重启 iSCSI Target 服务以保证配置全部生效。

图 6-44 更新密码

### 4．在 Windows7 中连接 iSCSI 目标

（1）先选择 Windows7 的控制面板，再选择"系统和安全"→"管理工具"→"iSCSI 发起程序"选项，打开 iSCSI 发起程序，如图 6-45 所示。注意，其他 Window 版本发起 iSCSI 连接与此版本稍有差异。

在第一次打开 iSCSI 发起程序时，会提示需要启动 Microsoft iSCSI 服务，直接单击"是"按钮即可，如图 6-46 所示。

图 6-45 打开 iSCSI 发起程序

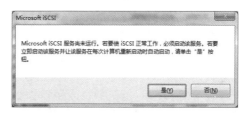

图 6-46 启动 Microsoft iSCSI 服务

（2）在"iSCSI 发起程序 属性"界面中依次单击"发现"→"发现门户"按钮，在弹出的"发现目标门户"界面中先填写服务器的 IP 地址并选择默认端口，再单击"高级"按钮（见图 6-47），在"高级设置"界面中输入 CHAP 登录信息，并单击"确定"按钮，如图 6-48 所示。

图 6-47　设置目标门户

图 6-48　"高级设置"界面

返回"iSCSI 发起程序 属性"界面，切换到"目标"选项卡，并单击"刷新"按钮，就可以看到 iSCSI 目标的名称，此时 iSCSI 目标的状态为不活动，如图 6-49 所示。

（3）依次单击"连接"→"高级"按钮，在"连接到目标"界面中单击"确定"按钮，如图 6-50 所示。

图 6-49　查看 iSCSI 目标

图 6-50　连接 iSCSI 目标

返回"iSCSI 发起程序 属性"界面，可以看到 iSCSI 目标的状态转变为已连接，说明 iSCSI 目标已经连接成功，如图 6-51 所示。此时，单击"卷和设备"→"自动配置"按钮，可以发现已经挂载好的 iSCSI，如图 6-52 所示。

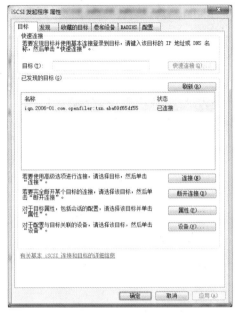
图 6-51　成功连接 iSCSI 目标

图 6-52　在"卷和设备"选项卡中查看挂载好的 iSCSI

（4）选择 Windows7 的"计算机管理"→"磁盘管理"选项，对挂载上来的容量为 10GB 的磁盘进行格式化后即可正常使用。查看新挂载的 iSCSI 磁盘如图 6-53 所示。

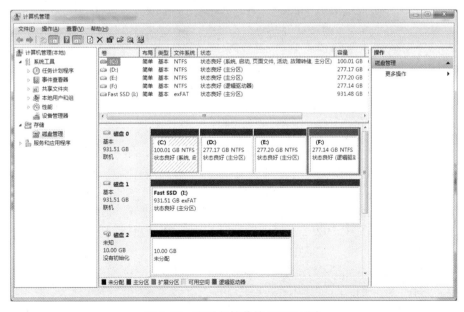
图 6-53　查看新挂载的 iSCSI 磁盘

# 任务 6-4　HDFS 安装配置和使用

本任务在主机 hadoop1、hadoop2、hadoop3 节点上部署 HDFS 文件系统，其中 NameNode 部署在 hadoop1 节点，SecondaryNameNode 部署在 hadoop2 节点上，DataNode 部署在 hadoop2 和 hadoop3 节点上。基础环境如表 6-1 所示。

表 6-1　基础环境要求情况

| 节点号 | 主机名 | IP 地址 | 角色 |
| --- | --- | --- | --- |
| 1 | hadoop1 | 192.168.0.192 | NameNode |
| 2 | hadoop2 | 192.168.0.193 | SecondaryNameNode, DataNode |
| 3 | hadoop3 | 192.168.0.128 | DataNode |

（1）修改主机名、IP 地址及 hosts 文件。（同步完成 hadoop1、2、3 节点）

```
[root@RHEL8 ~]#hostnamectl set-hostname hadoop1
[root@ RHEL8 ~]#bash
[root@hadoop1 ~]#vim /etc/hosts
192.168.0.192    hadoop1
192.168.0.193    hadoop2
192.168.0.128    hadoop3
```

（2）关闭三台主机防火墙，并确认彼此之间的连通性。

```
[root@hadoop1 ~]#systemctl stop firewalld; systemctl disable firewalld
[root@hadoop2 ~]#systemctl stop firewalld; systemctl disable firewalld
[root@hadoop3 ~]#systemctl stop firewalld; systemctl disable firewalld
[root@hadoop1 ~]#ping -c 1 hadoop2
[root@hadoop1 ~]#ping -c 1 hadoop3
```

（3）配置 java 环境（同步完成 hadoop1、2、3 节点）。

下载 jdk-8u152-linux-x64.tar.gz。解压 jdk-8u152-linux-x64.tar.gz。

```
[root@hadoop1 ~]#tar -zxvf jdk-8u152-linux-x64.tar.gz    -C /usr/local/src
[root@hadoop1 ~]#mv /usr/local/src/jdk1.8.0_152    /usr/local/src/java
```

编辑 profile 文件，添加 3 句 java 环境变量。

```
[root@hadoop1 ~]#vi /etc/profile
export JAVA_HOME=/usr/local/src/java #JAVA_HOME 指向 JAVA 安装目录
export PATH=$PATH:$JAVA_HOME/bin #将 JAVA 安装目录加入 PATH 路径
```

（4）让环境变量生效，测试 JDK 是否有效。

```
[root@hadoop1 ~]#source /etc/profile
[root@hadoop1 ~]#java -version
java version "1.8.0_152"
```

```
Java(TM) SE Runtime Environment (build 1.8.0_152-b16)
Java HotSpot(TM) 64-Bit Server VM (build 25.152-b16, mixed mode)
```

（5）安装 hadoop 环境。

① 下载 hadoop-2.7.1，在 hadoop1 节点解压安装。

```
[root@hadoop1 ~]#tar -zxvf hadoop-2.7.1.tar.gz
[root@hadoop1 ~]#mv hadoop-2.7.1 /usr/local/src/hadoop
```

② 设置 root 用户免密登录集群每个节点（hadoop1 节点执行）。创建 hadoop 用户，将目录/usr/local/src 的所有者改为 hadoop 用户。

```
[root@hadoop1 ~]#ssh-keygen -t rsa -P ""
[root@hadoop1 ~]#for i in 1 2 3; do ssh-copy-id -i .ssh/id_rsa.pub root@hadoop${i}; done
[root@hadoop1 ~]#for i in 1 2 3; do ssh root@hadoop${i} "useradd hadoop && echo 'hadoop' | passwd --stdin hadoop && id hadoop"; done
[root@hadoop1 ~]#for i in 1 2 3; do ssh root@hadoop${i} "chown -R hadoop:hadoop /usr/local/src"; done
```

③ 设置 hadoop 用户免密登录集群每个节点（hadoop1 节点执行）。 创建所需要目录并修改目录权限

```
[root@hadoop1 ~]#su - hadoop
[hadoop@hadoop1 ~]$ ssh-keygen -t rsa -P ""
[hadoop@hadoop1 ~]$for i in 1 2 3; do ssh-copy-id -i .ssh/id_rsa.pub hadoop@hadoop${i}; done
[hadoop@hadoop1 ~]$for i in 1 2 3; do ssh hadoop@hadoop${i} "mkdir -pv /usr/local/src/hadoop/dfs/{name,data}"; done
[hadoop@hadoop1 ~]$ mkdir -p /usr/local/src/hadoop/tmp
```

④ 配置 hadoop1 节点 hadoop-env.sh、core-site.xml、yarn-site.xml、hdfs-site.xml、mapred-site.xml 等配置文件。

```
[hadoop@hadoop1 ~]$cd /usr/local/src/hadoop/etc/hadoop/
[hadoop@hadoop1 hadoop]$vi hadoop-env.sh
export JAVA_HOME=/usr/local/src/java
export HADOOP_PERFIX=/usr/local/src/hadoop
export HADOOP_OPTS="-Djava.library.path=$HADOOP_PERFIX/lib:$HADOOP_PERFIX/lib/natice"
[hadoop@hadoop1 hadoop]$vi core-site.xml
<configuration>
        <property>
                <name>fs.defaultFS</name>
                <value>hdfs://hadoop1:8020</value>
        </property>
        <property>
                <name>hadoop.tmp.dir</name>
                <value>file:/usr/local/src/hadoop/tmp</value>
        </property>
</configuration>
```

```
[hadoop@hadoop1 hadoop]$vi hdfs-site.xml
<configuration>
        <property>
                <name>dfs.namenode.name.dir</name>
                <value>file:/usr/local/src/hadoop/dfs/name</value>
        </property>
        <property>
                <name>dfs.datanode.data.dir</name>
                <value>file:/usr/local/src/hadoop/dfs/data</value>
        </property>
        <property>
                <name>dfs.replication</name>
                <value>2</value>
        </property>
         <property>
                <name>dfs.namenode.http-address </name>
        <value>hadoop1:50070</value>
        <property>
            <name>dfs.namenode.secondary.http-address</name>
           <value>hadoop2:50090</value>
            </property>
        </property>
</configuration>


[hadoop@hadoop1 hadoop]$ cp mapred-site.xml.template mapred-site.xml
[hadoop@hadoop1 hadoop]$vi mapred-site.xml
<configuration>
     <property>
        <name>mapreduce.framework.name</name>
        <value>yarn</value>
     </property>
     <property>
        <name>mapreduce.jobhistory.address</name>
        <value>hadoop1:10020</value>
      </property>
      <property>
         <name>mapreduce.jobhistory.webapp.address</name>
         <value>hadoop1:19888</value>
       </property>
</configuration>
```

```
[hadoop@hadoop1 hadoop]$vi yarn-site.xml

<configuration>
        <property>
                <name>yarn.resourcemanager.address</name>
                <value>hadoop1:8032</value>
        </property>
        <property>
                <name>yarn.resourcemanager.scheduler.address</name>
                <value> hadoop1:8030</value>
        </property>
        <property>
                <name>yarn.resourcemanager.resource-tracker.address</name>
                <value>hadoop1:8031</value>
        </property>
        <property>
                <name>yarn.resourcemanager.admin.address</name>
                <value> hadoop1:8033</value>
        </property>
        <property>
                <name>yarn.resourcemanager.webapp.address</name>
                <value>hadoop1:8088</value>
        </property>
        <property>
                <name>yarn.nodemanager.aux-services</name>
                <value>mapreduce_shuffle</value>
        </property>
        <property>
                <name>yarn.nodemanager.aux-services.mapreduce.shuffle.class</name>
                <value>org.apache.hadoop.mapred.ShuffleHandler</value>
        </property>
</configuration>
```

　　⑤ 修改 hadoop1 节点 masters 和 slaves 文件。

```
[hadoop@hadoop1 hadoop]$vi masters
hadoop2
[hadoop@hadoop1 hadoop]$vi slaves
hadoop2
hadoop3
```

　　⑥ 将 hadoop 文件同步到其他节点（hadoop2 hadoop3）。

```
[hadoop@hadoop1 hadoop]$for i in 2 3; do scp -r /usr/local/src/hadoop/    hadoop${i}:/usr/local/src/; done
```

注意：检查一下目录文件的权限。包括/usr/local/src/hadoop 目录及其下的文件权限，可以用 chown -R hadoop:hadoop *进行修改。

⑦ 将 hadoop 系统变量添加到 profile。分发环境配置，使之生效。

```
[hadoop@hadoop1 hadoop]$exit
[root@hadoop1 ~]# vim /etc/profile
export HADOOP_HOME=/usr/local/src/hadoop
export PATH=$PATH:$HADOOP_HOME/bin:$HADOOP_HOME/sbin
[root@hadoop1 ~]#scp -r /etc/profile root@hadoop2:/etc/
[root@hadoop1 ~]#scp -r /etc/profile root@hadoop3:/etc/
[root@hadoop1 ~]#source /etc/profile
[root@hadoop2 ~]#source /etc/profile
[root@hadoop3 ~]#source /etc/profile
```

创建 logs 目录并修改目录权限。

```
[root@hadoop1 ~]#cd /usr/local/src/hadoop;mkdir logs
[root@hadoop1 ~]#chown hadoop.hadoop -R logs
```

⑧ hadoop 集群启动前先格式化 NameNode。

```
[hadoop@hadoop1 ~]$su - hadoop
[hadoop@hadoop1 ~]$hdfs namenode -format
```

⑨ 启动 dfs 和 YARN 服务。

```
[hadoop@hadoop1 ~]$start-dfs.sh
[hadoop@hadoop1 ~]$start-yarn.sh
```

⑩ 查看进程。

```
[hadoop@hadoop1 ~]$jps
10355 NameNode
10665 ResourceManager
10925 Jps
[root@hadoop2 hadoop]# jps
9233 DataNode
9361 SecondaryNameNode
9590 Jps
9462 NodeManager
[root@hadoop3 hadoop]# jps
9217 DataNode
9367 NodeManager
9497 Jps
```

（6）完成 hadoop 安装后，可以通过浏览器访问 hadoop 对应的服务。通过绑定 host 的方式访问 hadoop1:50070 或者直接访问 http://192.168.0.192:50070/，如图 6-54 所示。

（7）访问 YARN。网址为 http://192.168.0.192:8088/，如图 6-55 所示。

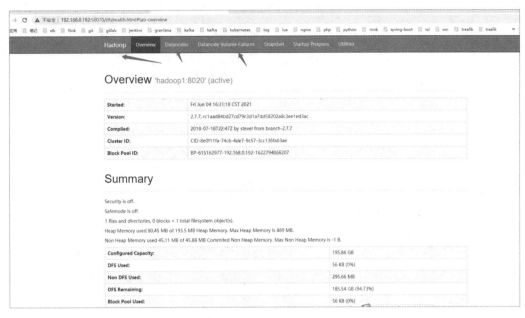

图 6-54　通过 Web 访问 hadoop 对应的服务

图 6-55　访问 YARN

扫一扫
看微课

扫一扫
看微课

## 任务 6-5　MooseFS 的安装、配置和使用

通过本任务了解 MooseFS 组件的功能，并掌握 MooseFS 的安装、配置和使用。在 VMware Workstation 中模拟 4 台主机器，主机名、角色、网络配置等基础环境要求情况如表 6-2 所示。

表 6-2　基础环境要求情况

| 主机名 | IP | CPU | 内存 | 磁盘 | 角色 |
|---|---|---|---|---|---|
| RHEL8-1 | 172.24.2.128 | 2 核 | 4GB | 50GB | master |
| RHEL8-2 | 172.24.2.129 | 2 核 | 4GB | 50GB | metalogger |

续表

| 主机名 | IP | CPU | 内存 | 磁盘 | 角色 |
|---|---|---|---|---|---|
| RHEL8-3 | 1172.24.2.130 | 2 核 | 4GB | 50GB | chunker |
| RHEL8-4 | 1172.24.2.131 | 2 核 | 4GB | 50GB | client |

（1）在任务开始前，应确认各个节点的 IP 地址是否设置完成，并检查彼此之间的连通性。

```
[root@RHEL8-1 ~]# nmcli
ens33: 已连接  to ens33
        "Intel 82545EM"
        ethernet (e1000), 00:0C:29:BD:2C:24, 硬件, mtu 1500
        ip4 默认
        inet4 172.24.2.128/24
        route4 0.0.0.0/0
        route4 172.24.2.0/24
        inet6 fe80::7311:5175:b0c7:e1bd/64
        route6 fe80::/64
        route6 ff00::/8
[root@RHEL8-1 ~]# ping -c 2 172.24.2.129
PING 172.24.2.129 (172.24.2.129) 56(84) bytes of data.
64 bytes from 172.24.2.129: icmp_seq=1 ttl=64 time=0.383 ms
64 bytes from 172.24.2.129: icmp_seq=2 ttl=64 time=0.284 ms
--- 172.24.2.129 ping statistics ---
2 packets transmitted, 2 received, 0% packet loss, time 3ms
rtt min/avg/max/mdev = 0.284/0.333/0.383/0.052 ms
[root@RHEL8-1 ~]# ping –c 1 172.24.2.130
PING 172.24.2.130 (172.24.2.130) 56(84) bytes of data.
bytes from 172.24.2.129: icmp_seq=3 ttl=64 time=56.4 ms
```

（2）修改 hosts 文件，以便可以通过主机名访问。（步骤 2、3、4、5 在 RHEL8-1、RHEL8-2、RHEL8-3、RHEL8-4 上均需要设置）

```
[root@RHEL8-1 ~]# vim /etc/hosts
172.24.2.128    RHEL8-1
172.24.2.129    RHEL8-2
172.24.2.130    RHEL8-3
172.24.2.131    RHEL8-4
```

（3）从 MooseFS 官方网站上下载 gpgcheck 文件，并核验 gpg 签名，以确保文件下载后可以安全使用。

```
[root@RHEL8-1 ~]# curl "https://ppa.moosefs.com/RPM-GPG-KEY-MooseFS" >/etc/pki/rpm-gpg/RPM-GPG-KEY-MooseFS
  % Total    % Received % Xferd  Average Speed   Time    Time     Time  Current
                                 Dload  Upload   Total   Spent    Left  Speed
```

| 100 | 1796 | 100 | 1796 | 0 | 0 | 400 | 0 | 0:00:04 | 0:00:04 | --:--:-- | 400 |

（4）编辑 MooseFS.repo 文件，使其指向 MooseFS 官方网站 3.0 版本的 yum 源，并对其进行 gpg 前面核验。保存后，测试 yum 源是否有效。

```
[root@RHEL8-1 ~]# vim /etc/yum.repos.d/MooseFS.repo
[MooseFS]
name=MooseFS
baseurl=http://ppa.moosefs.com/moosefs-3/yum/el7
gpgcheck=1
gpgkey=file:///etc/pki/rpm-gpg/RPM-GPG-KEY-MooseFS
enabled=1
[root@RHEL8-1 ~]# yum list |grep moosefs
moosefs-cgi.x86_64                                          3.0.116-1.rhsystemd
MooseFS
moosefs-cgiserv.x86_64                                      3.0.116-1.rhsystemd
MooseFS
moosefs-chunkserver.x86_64                                  3.0.116-1.rhsystemd
MooseFS
…
```

（5）在 RHEL8-1、RHEL8-2、 RHEL8-3 各个节点上依次关闭防火墙，设置 SElinux，清空 iptables 规则，并部署华为云软件仓库。

```
[root@RHEL8-1 ~]# systemctl stop firewalld
[root@RHEL8-1 ~]# setenforce 0
[root@RHEL8-1 ~]# iptables -F
[root@RHEL8-1 ~]# iptables -X
[root@RHEL8-1 ~]# iptables –Z
[root@RHEL8-1 ~]# iptables-save
# Generated by xtables-save v1.8.2 on Sat May 21 21:16:08 2022
*filter
:INPUT ACCEPT [16:2180]
:FORWARD ACCEPT [0:0]
:OUTPUT ACCEPT [4:870]
COMMIT
# Completed on Sat May 21 21:16:08 2022
# Generated by xtables-save v1.8.2 on Sat May 21 21:16:08 2022
[root@RHEL8-1 ~]# curl -o /etc/yum.repos.d/CentOS-Base.repo \
https://repo.huaweicloud.com/repository/conf/CentOS-8-reg.repo
```

也可以使用上述步骤先完成 RHEL8-1 的设置，再通过克隆功能完成另外 3 台主机的设置。

（6）在 RHEL8-1 中安装 Moosefs-master 服务，并确认配置文件的情况。

```
[root@RHEL8-1 ~]# yum install -y moosefs-master
```

…
验证            : moosefs-master-3.0.116-1.rhsystemd.x86_64
Installed products updated.
已安装：
  moosefs-master-3.0.116-1.rhsystemd.x86_64
完毕！
[root@RHEL8-1 ~]# ll /etc/mfs
总用量 48
-rw-r--r--. 1 root root  6441 5 月  21 21:17 mfsexports.cfg
-rw-r--r--. 1 root root  6441 8 月  10 2021 mfsexports.cfg.sample
-rw-r--r--. 1 root root 11618 5 月  21 21:17 mfsmaster.cfg
-rw-r--r--. 1 root root 11618 8 月  10 2021 mfsmaster.cfg.sample
-rw-r--r--. 1 root root  2588 5 月  21 21:17 mfstopology.cfg
-rw-r--r--. 1 root root  2588 8 月  10 2021 mfstopology.cfg.sample

（7）在安装默认的文件目录中找到 mfsmaster 启动文件，并启动服务。

[root@RHEL8-1 ~]# /usr/sbin/mfsmaster start
open files limit has been set to: 16384
working directory: /var/lib/mfs
lockfile created and locked
initializing mfsmaster modules ...
exports file has been loaded
topology file has been loaded
loading metadata ...
metadata file has been loaded
no charts data file - initializing empty charts
master <-> metaloggers module: listen on *:9419
master <-> chunkservers module: listen on *:9420
main master server module: listen on *:9421
mfsmaster daemon initialized properly

（8）使用 yum 命令安装 MooseFS-cgiserv 服务并启动，后续可以通过浏览器查看集群状态。

[root@RHEL8-1 ~]# yum install moosefs-cgiserv -y
验证            : moosefs-cgiserv-3.0.116-1.rhsystemd.x86_64
Installed products updated.
已安装：
  moosefs-cgiserv-3.0.116-1.rhsystemd.x86_64
  moosefs-cgi-3.0.116-1.rhsystemd.x86_64
完毕！
[root@RHEL8-1 ~]# rpm -ql moosefs-cgiserv
/usr/lib/systemd/system/moosefs-cgiserv.service
/usr/sbin/mfscgiserv

```
/usr/share/doc/moosefs-cgiserv-3.0.116
/usr/share/doc/moosefs-cgiserv-3.0.116/NEWS
/usr/share/doc/moosefs-cgiserv-3.0.116/README
/usr/share/man/man8/mfscgiserv.8.gz
/var/lib/mfs
[root@RHEL8-1 ~]# /usr/sbin/mfscgiserv start
lockfile created and locked
starting simple cgi server (host: any , port: 9425 , rootpath: /usr/share/mfscgi)
```

如果提示"/usr/bin/env:python2:没有那个文件或目录",则需要使用 dnf install python2 命令安装 Python2。

（9）在 RHEL8-2 中部署软件仓库（其他主机均需部署软件仓库，具体步骤可以参考 RHEL8-1）。使用 yum 命令在 RHEL8-2 中安装 Moosefs-metalogger 服务，修改配置文件指向 master 地址，并启动服务。

```
[root@RHEL8-2 ~]# yum install moosefs-metalogger -y
…
验证           : moosefs-metalogger-3.0.116-1.rhsystemd.x86_64
Installed products updated.
已安装:
   moosefs-metalogger-3.0.116-1.rhsystemd.x86_64
完毕!
[root@RHEL8-2 ~]# rpm -ql moosefs-metalogger
/etc/mfs/mfsmetalogger.cfg.sample
/usr/lib/systemd/system/moosefs-metalogger.service
/usr/lib/systemd/system/moosefs-metalogger@.service
/usr/sbin/mfsmetalogger
/usr/share/doc/moosefs-metalogger-3.0.116
/usr/share/doc/moosefs-metalogger-3.0.116/NEWS
/usr/share/doc/moosefs-metalogger-3.0.116/README
/usr/share/man/man5/mfsmetalogger.cfg.5.gz
/usr/share/man/man8/mfsmetalogger.8.gz
/var/lib/mfs
[root@ RHEL8-2 /]# vim /etc/mfs/mfsmetalogger.cfg
MASTER_HOST = RHEL8-1
[root@RHEL8-2 ~]# /usr/sbin/mfsmetalogger start
open files limit has been set to: 4096
working directory: /var/lib/mfs
lockfile created and locked
initializing mfsmetalogger modules ...
mfsmetalogger daemon initialized properly
```

（10）在 RHEL8-3 中安装 Moosefs-chunkServer 服务，修改配置文件指向 master 地址，增加挂载点并启动该服务，此服务为数据层保存位置。

```
[root@RHEL8-3   ~]# yum install moosefs-chunkserver -y
…
Running transaction
Installing : moosefs-chunkserver-3.0.100-1.rhsystemd.x86_64 1/1
Verifying : moosefs-chunkserver-3.0.100-1.rhsystemd.x86_64 1/1
Installed:
moosefs-chunkserver.x86_64 0:3.0.100-1.rhsystemd
Complete!
[root@RHEL8-3 ~]# mkdir /mnt/mfschunk
[root@ RHEL8-3 ~]# chmod -R 777 /mnt/mfschunk/
[root@ RHEL8-3 ~]# vim /etc/mfs/mfschunkserver.cfg
MASTER_HOST = RHEL8-1
[root@RHEL8-3 ~]# cat /etc/mfs/mfschunkserver.cfg | grep -v ^$|grep -v ^#
MASTER_HOST = RHEL8-1
[root@ RHEL8-3 ~]# vim /etc/mfs/mfshdd.cfg
/mnt/mfschunk/[root@RHEL8-3 ~]# cat /etc/mfs/mfshdd.cfg|grep -v ^$|grep -v ^#
/mnt/mfschunk/
[root@RHEL8-3 ~]# rpm -ql moosefs-chunkserver
/etc/mfs/mfschunkserver.cfg.sample
/etc/mfs/mfshdd.cfg.sample
/usr/lib/systemd/system/moosefs-chunkserver.service
/usr/lib/systemd/system/moosefs-chunkserver@.service
/usr/sbin/mfschunkserver
/usr/sbin/mfschunktool
/usr/sbin/mfscsstatsdump
[root@RHEL8-3 ~]# /usr/sbin/mfschunkserver start
open files limit has been set to: 16384
working directory: /var/lib/mfs
lockfile created and locked
…
mfschunkserver daemon initialized properly
```

（11）在 RHEL8-4 中安装 Moosefs-client 服务，并创建共享目录。使用 mfsmount 命令将集群共享的目录挂载到本地，完成 MooseFS 分布式存储挂载的使用。

```
[root@ RHEL8-4 ~]# yum install moosefs-client –y
…
Installed:
moosefs-client.x86_64 0:3.0.100-1.rhsystemd
Dependency Installed:
fuse-libs.x86_64 0:2.9.2-10.el7
Complete!
[root@ RHEL8-4 ~]# mkdir -p /opt/share
[root@ RHEL8-4 ~]# chmod 777 /opt/share
[root@ RHEL8-4 ~]# mfsmount /opt/share/ -H RHEL8-1
```

mfsmaster accepted connection with parameters: read-write,restricted_ip,admin ; root mapped to root:root
[root@ RHEL8-4 ~]# **df -hT | grep share**
RHEL8-1:9421　　　　　　　　fuse.mfs　　17G　4.2G　13G　25%　　/opt/share

（12）在浏览器中输入 http://172.24.2.128:9425 或 RHEL8-1:9425，在打开的界面中设置 DNS master name 为 RHEL8-1，如图 6-56 所示。

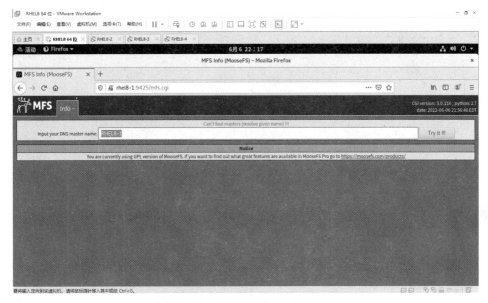

如图 6-56　设置 DNS master name

（13）通过 Web 监视器查看各个服务器的状态，如图 6-57 所示。

图 6-57　查看服务器的状态

# 课后练习

一、简答题

1. 简述 HDFS 的常见配置文件。

2. MooseFS 的安装流程。

二、实操题

1. MooseFS 的安装、配置和使用。

# 项目七

## Docker 技术

## 学习目标

### 一、知识目标

（1）了解 Docker 技术的基本原理。

（2）了解 Dockerfile 的语法规则及通过 Dockerfile 制作镜像的方法。

（3）了解镜像的发布方法。

### 二、技能目标

（1）掌握 Docker 安装和配置的方法。

（2）掌握 Docker 基本命令的使用方法。

（3）掌握 Dockerfile 的编写方法。

（4）掌握 Docker 镜像的发布方法。

### 三、素质目标

（1）培养绿色、低碳的生活方式；

（2）增强安全意识、核心意识。

## 项目描述

Docker 是一个开源的应用容器引擎，用于开发、发布和运行应用程序的开放平台。使用 Docker 可以让开发者先打包应用及依赖包到一个可移植的容器中，然后测试通过的容器。这样既可以将其批量地发布到任何流行的 Linux 或 Windows 的机器上，又可以实现虚拟化。使用 Docker，可以像管理应用程序一样管理基础架构。Docker 为开发者提供了快速发布、测试和部署代码的方法。本项目主要完成 Docker 的部署及构建，以及如何发布镜像。

## 7.1 Docker 架构

Docker 最初是 dotCloud 公司创始人发起的一个公司内部项目，是基于 dotCloud 公司多年云服务技术的一次革新，并于 2013 年 3 月以 Apache 2.0 授权协议开源。

Docker 使用 Go 语言进行开发实现，是基于 Linux 内核的 Cgroups、namespace，以及 AUFS 类的 Union FS 等技术，对进程进行封装隔离，属于操作系统层面的虚拟化技术。最开始 Docker 基于 LXC 技术实现，从 0.7 版本开始转而使用自行开发的 libcontainer（容器管理技术），从 1.11 版本开始进一步演进为使用 runC 和 containerd。

Docker 使用客户机/服务器架构。Docker 在运行时分为 Docker 客户机和 Docker 守护进程。执行 Docker 命令实际上是使用客户机与 Docker 进行交互。Docker 守护进程执行构建、运行和分发 Docker 容器的繁重工作。Docker 客户机和 Docker 守护进程既可以在同一个系统上运行，又可以将 Docker 客户机连接到远程 Docker 守护进程上。Docker 客户机和 Docker 守护进程使用 REST API 通过 UNIX 套接字或网络接口进行通信。Docker 架构图如图 7-1 所示。

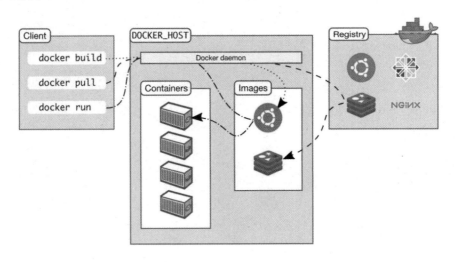

图 7-1　Docker 架构图

### 1. Docker 客户机

Docker 客户机（Client）是 Docker 用户与 Docker 交互的主要方式。当使用 docker run 等命令时，客户机会将这些命令发送给 Docker 守护进程，Docker 守护进程收到后，会执行这些命令。Docker 客户机可以与多个 Docker 守护进程通信。

### 2. Docker 守护进程

Docker 守护进程（Docker daemon）监听 Docker API 的请求并管理 Docker 对象，如镜像、容器、网络和卷。此外，守护进程与守护进程之间还可以通信以管理 Docker 服务。

### 3. 容器

容器（Container）是镜像运行后的实例。使用 docker run 命令运行一次镜像，就会生成一个容器。可以将容器类比为进程，用户可以使用 Docker 的相关命令来创建、启动、停止和删除容器。

在默认情况下，容器和容器之间、容器和主机之间的网络和存储等是相互隔离的。在创建容器时，可以将容器连接到一个或多个网络，并将存储空间附加到容器上。当容器被移除时，任何未存储在持久存储中的状态更改都会消失。

### 4. 镜像

镜像（Image）是包含创建 Docker 容器的一系列指令的集合。一个镜像通常会基于另外一个基础镜像创建，并带有额外的用户自定义的功能。比如，当用户构建一个有 Python 环境及其他应用程序的 ubuntu 镜像时，就可以基于 ubuntu 镜像创建镜像，在 ubuntu 镜像的基础上配置需要安装的应用程序和其他环境变量等。

在使用 Docker 时，用户既可以使用仓库已经发布的镜像，又可以使用自己创建的镜像。在通常情况下，先使用 Dockerfile 配置创建和运行镜像所需的环境和操作，然后使用 Docker 构建镜像的命令进行镜像的生成。

### 5. 镜像仓库

Docker 的镜像仓库（Registry）存储 Docker 镜像。Docker 默认配置的镜像仓库为 Docker Hub。Docker Hub 是一个任何人都可以使用的公共镜像仓库，可以通过 https://hub.docker.com/进行网页访问。在 Docker Hub 上提供了很多开源的常用 Docker 镜像，如 MySQL、Redis、Tomcat 等。

用户既可以在 Docker Hub 上搜索镜像，又可以配置自己的私有镜像仓库用来存储镜像。用户可以使用 docker search 命令配置的镜像仓库搜索想要的镜像，使用 docker pull 命令配置的镜像仓库下载镜像到本地，使用 docker push 命令将本地镜像推送到配置的镜像仓库中，以供他人下载使用。表 7-1 中列出了 Docker 基本命令。

表 7-1    Docker 基本命令

| Docker 命令 | 功能 |
| --- | --- |
| systemctl start docker | 启动 Docker 服务 |
| systemctl stop docker | 停止 Docker 服务 |
| systemctl enable docker | 开机启动 Docker |

续表

| Docker 命令 | 功能 |
|---|---|
| systemctl disable docker | 禁用开机启动 Docker |
| docker search  镜像名称 | 搜索指定名称的镜像 |
| docker images | 查看本地镜像列表 |
| docker pull  镜像名称 | 下载指定名称的镜像 |
| docker rmi  镜像名称 | 删除指定名称的镜像 |
| docker build -t  镜像名称  context | 使用 Dockerfile 构建镜像<br>context：构建的上下文 |
| docker run  镜像名称 | 通过镜像启动一个容器 |
| docker run -d  镜像名称 | 以后台运行的方式通过镜像启动一个容器 |
| docker --name test  镜像名称 | 启动容器，并将容器命名为 test |
| docker run -i -t  镜像名称  /bin/bash | 通过镜像启动一个容器，并以命令行的方式进入该容器<br>-i：交互式操作<br>-t：终端<br>/bin/bash：放在镜像名称后的是命令，如/bin/bash、/bin/sh 等 |
| docker ps -a | 查看所有容器的状态 |
| docker stop <容器  ID> | 停止容器 |
| docker rm <容器  ID> | 删除容器，删除容器需要先停止容器 |
| docker exec -it <容器  ID> /bin/bash | 连接容器，并以命令行的方式进入该容器 |

## 7.2　管理数据的方式

在容器中，管理数据主要有数据卷和挂载主机目录两种方式。

1．数据卷

数据卷（Volumes）是一个可以供一个或多个容器使用的特殊目录。数据卷存储在宿主机的某个目录下（一般为/var/lib/docker/volumes），由 Docker 进行管理。如果不是 Docker 程序，则不应该直接在宿主机上修改这部分目录。数据卷是 Docker 中持久化数据的最佳方式。数据卷可以在容器与容器之间共享和重用，并且即使容器被删除数据卷也会一直存在。

数据卷的使用类似于 Linux 挂载操作。在通常情况下，既可以使用 docker volume create 命令显式数据卷，又可以在 Docker 容器或服务创建期间创建卷。在创建数据卷时，数据卷存储在 Docker 宿主机的目录中。当数据卷挂载到容器中时，该目录就是挂载到容器中的目录。数据卷由 Docker 管理并且与宿主机的核心功能隔离。可以使用 docker volume prune 命令删除未使用的数据卷。

当挂载一个数据卷时，数据卷既可以是命名的又可以是匿名的。匿名卷在首次挂载到容器时没有明确的名称，Docker 会为它们提供一个随机但唯一的名称。此外，命名卷和匿名卷的行为方式相同。数据卷还支持使用卷驱动程序，允许将数据存储在远程主机或云提供商上。

### 2. 挂载主机目录

虽然挂载主机目录（Bind mounts）的方式非常高效，但是这种方式依赖具有特定目录结构的宿主机文件系统。挂载主机目录可以存储在宿主机系统的任何位置。与数据卷相比，挂载主机目录的功能有限。当使用挂载主机目录时，宿主机上的文件或目录会挂载到容器中，文件或目录为宿主机上该目录的绝对路径。挂载的文件或目录不需要已经存在于 Docker 宿主机上，挂载的目录或文件如果不存在，则会在使用时自动创建。

## 7.3  Dockerfile

Dockerfile 是一个基于文本的指令脚本，用于创建容器映像。Docker 通过读取 Dockerfile 中的指令自动构建镜像。Dockerfile 的常用指令有 FROM、COPY、ADD、CMD、RUN、WORKDIR、ENV 等。

### 1. FROM

FROM 指令是 Dockerfile 的第一条非注释指令，可以为后面提供基础镜像。

使用格式：

```
FROM <image>
FROM <image>:tag
```

### 2. COPY

COPY 指令有两个参数，分别为源和目标。它的作用是从源系统的文件系统中复制文件到目标容器的文件系统中。

使用格式：

```
COPY <src> <dest>
```

其中，src 为 Dockerfile 所在目录的相对路径，dest 为容器的路径。

### 3. ADD

使用 ADD 指令可以将工作目录下的某个目录或文件复制到镜像的某个路径下。

使用格式：

```
ADD <src> <dest>
```

其中，src 既可以是 Dockerfile 所在目录的一个相对路径，又可以是一个 URL，还可以是一个 tar 文件，tar 文件在复制到容器中时会被自动解压提取。

### 4. CMD

CMD 指令是在容器启动时要运行的指令。只有在使用 docker run 或 docker start 命令时，CMD 指令才会运行，在其他情况下 CMD 指令不运行。

每个容器只能执行一条 CMD 指令。如果一个 Dockerfile 中有多条 CMD 指令，那么只有文件最后一行的 CMD 指令才会生效。

使用格式：

```
CMD <command>  （shell 格式）
CMD ["executable","param1","param2"]  （exec 格式，推荐）
```

### 5. RUN

RUN 指令用于运行指定的命令。RUN 指令只有在执行 docker build 命令时才会运行，在其他情况下不会运行。

使用格式：

```
RUN <command>
RUN ["executable","param1","param2"]
```

### 6. WORKDIR

WORKDIR 指令用于为后续的 RUN、CMD、ADD 指令配置工作目录。可以使用多个 WORKDIR 指令，如果后续指令参数是相对路径，则会基于前面 WORKDIR 指令指定的路径。使用 docker exec -it 命令进入容器后，默认也会进入 WORKDIR 指令指定的目录。

使用格式：

```
WORKDIR /path/to/workdir
```

### 7. ENV

使用 ENV 指令既可以为镜像创建出来的容器声明环境变量，又可以被 Dockerfile 的其他指令使用。

使用格式：

```
ENV <key> <value>
ENV <key=value>
```

一个 Docker 镜像由只读层组成，每个层代表一个 Dockerfile 的指令。这些层是堆叠的，每一层都是前一层变化的增量。下面以一个 Dockerfile 为例进行说明。

```
# syntax=docker/dockerfile:1
```

```
FROM centos:7              //从 CentOS7 Docker 映像创建一个层
COPY . /app                //从 Docker 客户机的当前目录添加文件到容器的/app 目录中
RUN make /app              //使用 make 脚本构建应用程序
CMD python /app/app.py     //在容器启动时运行 python 脚本
```

当运行一个镜像并生成一个容器时，会在底层添加一个新的可写容器层。正在运行的容器进行的所有更改，如写入新文件、修改现有文件和删除文件，都会写入可写容器层。

编辑完成 Dockerfile 后，可以使用 docker build 命令进行镜像的构建。当使用 docker build 命令时，当前工作目录被称为构建上下文。在默认情况下，如果不指定 Dockerfile，将会使用当前目录下的 Dockerfile。当然，也可以使用-f 选项指定不同位置或不同名称的 Dockerfile。

## 项目实践

# 任务 7-1　Docker 的安装和配置

本任务使用 RHEL8 进行 Docker 的安装和配置，其他环境可参考 Docker 官方网站上的说明。

### 1. 使用 RHEL8 的本地镜像配置 BaseOS 和 AppStream 存储库

在安装过程中，Docker 会依赖 BaseOS 和 AppStream 存储库中的基础软件包，此时需要先配置 BaseOS 和 AppStream 存储库。

在虚拟机的设置中，配置 ISO 映像文件，如图 7-2 所示。

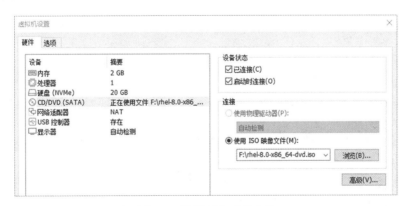

图 7-2　配置 ISO 映像文件

（1）挂载镜像到本地操作系统上。

```
[root@RHEL8 ~]# mkdir /mnt/iso
```

```
[root@RHEL8 ~]# mount -o ro /dev/sr0 /mnt/iso
[root@RHEL8 ~]# ls /mnt/iso/BaseOS/              //列出如下内容说明仓库已准备好
Packages repodata
[root@RHEL8 ~]# ls /mnt//iso/AppStream/          //列出如下内容说明仓库已准备好
Packages repodata
```

（2）修改配置文件，指定本地存储库。

```
[root@RHEL8 ~]# cd /etc/yum.repos.d
[root@RHEL8 yum.repos.d]# vim local.repo
[BaseOS]
name=BaseOS
baseurl=file:///mnt/iso/BaseOS
enabled=1
gpgcheck=0
[AppStream]
name=AppStream
baseurl=file:///mnt/iso/AppStream
enabled=1
gpgcheck=0
```

### 2. 配置 docker-ce yum 源仓库

在安装 Docker 时，需要从 docker-ce yum 源仓库中下载软件包，这里采用阿里云的源仓库镜像地址。

```
[root@rhel8 ~]# yum config-manager --add-repo \
                https://mirrors.aliyun.com/docker-ce/linux/centos/docker-ce.repo
Updating Subscription Management repositories.
Unable to read consumer identity
This system is not registered to Red Hat Subscription Management. You can use subscription-manager to register.
添加仓库自：https://mirrors.aliyun.com/docker-ce/linux/centos/docker-ce.repo
```

### 3. 生成 yum 缓存

配置好两个仓库后，生成新的缓存。

```
[root@rhel8 ~]# yum makecache
Updating Subscription Management repositories.
Unable to read consumer identity
This system is not registered to Red Hat Subscription Management. You can use subscription-manager to register.
//元数据缓存已建立。
Docker CE Stable - x86_64              31 kB/s | 3.5 kB        00:00
AppStream                              3.1 MB/s | 3.2 kB       00:00
BaseOS                                 2.7 MB/s | 2.7 kB       00:00
```

如果未出现以上仓库列表，说明仓库并未配置成功，请检查 yum 源仓库的配置。

#### 4．清除旧的 Docker 相关包和 Podman 包

自 RHEL8 起，Red Hat 用 CRI-O/Podman 取代了 Docker 守护进程。Podman 是一种开源的 Linux 原生工具，根据开放容器倡议（Open Container Initiative，OCI）标准开发、管理和运行容器和 Pod，是 RHEL8 和 CentOS8 默认的容器引擎。为了更好地完成 Docker 的任务，避免软件冲突，需要先卸载 Podman。

```
[root@rhel8 ~]# yum remove docker \
                docker-client \
                docker-client-latest \
                docker-common \
                docker-latest \
                docker-latest-logrotate \
                docker-logrotate \
                docker-engine \
                podman \
                runc
```

#### 5．安装 Docker

```
[root@rhel8 ~]# yum install docker-ce docker-ce-cli containerd.io    --nobest
```

#### 6．启动 Docker

```
[root@rhel8 ~]# systemctl start docker
[root@rhel8 ~]# systemctl status docker
 docker.service - Docker Application Container Engine
   Loaded: loaded (/usr/lib/systemd/system/docker.service; disabled; vendor preset: disabled)
   Active: active (running) since Sun 2022-05-22 22:31:02 EDT; 9s ago
     Docs: https://docs.docker.com
 Main PID: 56842 (dockerd)
    Tasks: 8
   Memory: 125.6M
   CGroup: /system.slice/docker.service
           └─56842 /usr/bin/dockerd -H fd:// --containerd=/run/containerd/containerd.sock
```

扫一扫
看微课

## 任务 7-2　Docker 命令行的操作

扫一扫
看微课

扫一扫
看微课

下面通过运行几个容器来掌握 Docker 命令行的操作。

#### 1．运行 hello-world 镜像

（1）搜索 hello-world 镜像。

```
[root@rhel8 ~]# docker search hello
```

| NAME | DESCRIPTION | STARS | OFFICIAL | AUTOMATED |
|---|---|---|---|---|
| hello-world | Hello World! (an example… | 1725 | [OK] | |
| hello-seattle | Hello from DockerCon 2016 (Seattle)! | 10 | [OK] | |
| ibmcom/helloworld | A sample used by IBM Cloud Code Engine | 2 | | |

（2）下载 hello-world 镜像。

```
[root@rhel8 ~]# docker pull hello-world
```

（3）查看下载到的镜像。

```
[root@rhel8 ~]# docker images
```

（4）运行 hello-world 镜像。

```
[root@rhel8 ~]# docker run hello-world
Hello from Docker!
This message shows that your installation appears to be working correctly.
To generate this message, Docker took the following steps:
 1. The Docker client contacted the Docker daemon.
 2. The Docker daemon pulled the "hello-world" image from the Docker Hub.
    (amd64)
 3. The Docker daemon created a new container from that image which runs the
    executable that produces the output you are currently reading.
 4. The Docker daemon streamed that output to the Docker client, which sent it
    to your terminal.
To try something more ambitious, you can run an Ubuntu container with:
 $ docker run -it ubuntu bash
Share images, automate workflows, and more with a free Docker ID:
 https://hub.docker.com/
For more examples and ideas, visit:
 https://docs.docker.com/get-started/
```

在启动 Docker 容器时，可能会遇到以下报错。

```
[root@rhel8 ~]# docker run hello-world
docker: Error response from daemon: OCI runtime create failed: unable to retrieve OCI runtime error (open
/run/containerd/io.containerd.runtime.v1.linux/moby/e4563631d7ed2be8d2e4b0520132b825543fe52deb1ebf18
e9dd71747f9ca7eb/log.json: no such file or directory): runc did not terminate successfully: exit status 127:
unknown.
```

出现 Error，是因为缺少依赖包，可以通过安装 libseccomp-devel 安装包解决。由于在 RHEL8 的本地光盘镜像中不存在 libseccomp-devel 安装包，所以这里先配置了华为云开源 yum 源仓库后再安装 libseccomp-devel 安装包。

```
[root@rhel8 ~]# curl -o /etc/yum.repos.d/CentOS-Base.repo \
        https://repo.huaweicloud.com/repository/conf/CentOS-8-reg.repo
[root@rhel8 ~]# yum install libseccomp-devel
```

（5）查看 Docker 中的所有容器。

```
[root@rhel8 ~]# docker ps -a
CONTAINER ID    IMAGE        COMMAND    CREATED       STATUS          PORTS       NAMES
f407938a49a3    hello-world  "/hello"   2 minutes ago Exited (0) 2 minutes ago   charming_mclean
```

### 2. 运行 2048 镜像

2048 是一个流行的益智游戏，在这个游戏中可以组合匹配的滑块到数字 2048。本任务通过运行 2048 镜像，使读者熟悉容器的使用方法。

（1）下载 2048 镜像。

```
[root@rhel8 ~]# docker pull alexwhen/docker-2048
```

（2）后台运行 2048 镜像。

```
[root@rhel8 ~]# docker run -d -p 80:80 alexwhen/docker-2048
9fe02f240cde17c264e6fd9b871b0dccafa941214ad61628ae277c08ce2a088e
```

其中，-p 80:80 表示从映射容器服务的 80 端口到宿主机的 80 端口，外部主机可以直接通过宿主机 ip:80 访问到该服务。冒号前为宿主机的端口，冒号后为运行容器的端口。

如果遇到提示"80 端口已在使用"，可切换到其他未使用的端口，如切换绑定端口为 81。

```
[root@rhel8 ~]# docker run -d -p 81:80 alexwhen/docker-2048
9fe02f240cde17c264e6fd9b871b0dccafa941214ad61628ae277c08ce2a088e
```

（3）测试及验证容器的功能。

打开浏览器，访问 http://localhost:81。

2048 测试结果如图 7-3 所示。

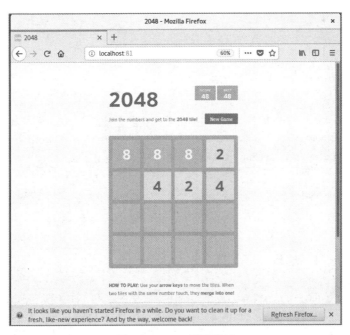

图 7-3　2048 测试结果

注意：此处的 81 号端口为在实际运行容器时绑定的宿主机的端口。

（4）进入容器。

在使用-d 参数运行容器时,容器会进入后台启动。如果想要进入容器,可以使用 docker exec 命令。首先,通过 docker ps 命令查看要进入的容器的 ID。

```
[root@rhel8 ~]# docker ps
CONTAINER ID    IMAGE    COMMAND    CREATED    STATUS PORTS    NAMES
9fe02f240cde    alexwhen/docker-2048    "nginx -g 'daemon of…"    2 weeks ago    Up 2 weeks
0.0.0.0:81->80/tcp, :::81->80/tcp    zealous_pasteur
```

其次，使用 docker exec 命令进入对应的容器，并在容器中查看 Nginx 的日志文件。查看完成后，退出容器。

```
[root@rhel8 ~]# docker exec -it 9fe02f240cde /bin/sh
/ #
/ # tail -3 /var/log/nginx/access.log
172.17.0.1 - - [09/May/2022:03:08:11 +0000] "GET /meta/apple-touch-icon.png HTTP/1.1" 200 5808 "-"
"Mozilla/5.0 (X11; Linux x86_64; rv:60.0) Gecko/20100101 Firefox/60.0"
172.17.0.1 - - [09/May/2022:03:08:11 +0000] "GET /style/fonts/ClearSans-Regular-webfont.woff HTTP/1.1"
200    26764    "http://localhost:81/style/fonts/clear-sans.css"  "Mozilla/5.0  (X11;  Linux  x86_64;  rv:60.0)
Gecko/20100101 Firefox/60.0"
172.17.0.1 - - [09/May/2022:03:08:11 +0000] "GET /style/fonts/ClearSans-Bold-webfont.woff HTTP/1.1" 200
27120    "http://localhost:81/style/fonts/clear-sans.css"    "Mozilla/5.0    (X11;    Linux    x86_64;    rv:60.0)
Gecko/20100101 Firefox/60.0"
/ #
/ # exit
[root@rhel8 ~]#
```

（5）停止容器。

使用 docker stop 命令可以停止指定的容器。

```
[root@rhel8 ~]# docker ps
CONTAINER ID    IMAGE    COMMAND    CREATED    STATUS PORTS    NAMES
9fe02f240cde    alexwhen/docker-2048    "nginx -g 'daemon of…"    2 weeks ago    Up 2 weeks
0.0.0.0:81->80/tcp, :::81->80/tcp    zealous_pasteur

[root@rhel8 ~]# docker stop 9fe02f240cde
9fe02f240cde
```

（6）删除容器。

使用 docker ps -a 命令可以查看到当前所有容器。

```
[root@rhel8 ~]# docker ps -a
CONTAINER ID    IMAGE    COMMAND    CREATED    STATUS    PORTS    NAMES
9fe02f240cde    alexwhen/docker-2048    "nginx -g 'daemon of..."    2 weeks ago    Exited (0) 2 minutes ago
zealous_pasteur
```

f407938a49a3　hello-world　"/hello"　2 weeks ago　　Exited (0) 2 weeks ago charming_mclean

使用 docker rm 命令可以删除指定 CONTAINER ID 已停止运行的容器。

```
[root@rhel8 ~]# docker rm f407938a49a3
f407938a49a3
[root@rhel8 ~]# docker rm 9fe02f240cde
9fe02f240cde
```

（7）删除镜像。

```
[root@rhel8 ~]# docker images
REPOSITORY                 TAG         IMAGE ID         CREATED         SIZE
hello-world                latest      feb5d9fea6a5     8 months ago    13.3kB
alexwhen/docker-2048       latest      7929bcd70e47     6 years ago     8.02MB
[root@rhel8 ~]# docker rmi hello-world
Untagged: hello-world:latest
Untagged: hello-world@sha256:10d7d58d5ebd2a652f4d93fdd86da8f265f5318c6a73cc5b6a9798ff6d2b2e67
Deleted: sha256:feb5d9fea6a5e9606aa995e879d862b825965ba48de054caab5ef356dc6b3412
Deleted: sha256:e07ee1baac5fae6a26f30cabfe54a36d3402f96afda318fe0a96cec4ca393359
[root@rhel8 ~]# docker rmi alexwhen/docker-2048
Untagged: alexwhen/docker-2048:latest
Untagged: alexwhen/docker-2048@sha256:4913452e5bd092db9c8b005523127b8f62821867021e23a9acb1ae0f7d2432e1
Deleted: sha256:7929bcd70e47d3726d55a870b2ca11c25792758f3ba8b4ff136811f0809af636
Deleted: sha256:9cfe792bb17d69b6b0ed2e25a18eba954059a2acae20001fb77bd87e0492369f
Deleted: sha256:e87731b872b947a4e8decab2cf3ea9aa36eb8ce79ce7de94c88d360f43b57576
Deleted: sha256:fa1549e4b406a6dff54ec015dd48198e613263c4e97eeecb71e23901e53a93b9
Deleted: sha256:d6d626434f0b6d15222cd02d0c2c5a70f594738926a0c101d8d0c9af031de41a
Deleted: sha256:85151c514f1a6b83e09b376cd26f16dc2fc4195be4b83ad75365eafe033d545e
Deleted: sha256:745737c319fa55ca583783dc204924f1c16095cd56078943bc3d1d1d1737945e
[root@rhel8 ~]# docker images
REPOSITORY                 TAG         IMAGE ID         CREATED         SIZE
```

### 3. 运行 MySQL 镜像

使用 Docker 容器运行 MySQL 镜像是一种广泛使用的机制。事实上，MySQL 是与 Docker 容器一起使用的十分流行的数据库之一。使用 Docker 在容器中运行数据库，就像它是远程服务器一样，可以测试应用程序如何与其交互。

（1）下载 MySQL 镜像。

```
[root@rhel8 ~]# docker pull mysql
```

（2）后台运行 MySQL 镜像。

```
[root@rhel8 ~]# docker run -itd --name mysql-test -p 3306:3306 -e \
MYSQL_ROOT_PASSWORD=123456 mysql
```

（3）查看容器的状态。

```
[root@rhel8 ~]# docker ps -a
CONTAINER ID    IMAGE    COMMAND    CREATED    STATUS    PORTS    NAMES
409ebe5ea38f    mysql    "docker-entrypoint.s…"    2 hours ago    Up 2 hours    0.0.0.0:3306-
3306/tcp, :::3306->3306/tcp, 33060/tcp    mysql-test
```

（4）进入 MySQL 容器，并访问 MySQL。

```
[root@rhel8 ~]# docker exec -it mysql-test /bin/bash
root@409ebe5ea38f:/# mysql -h localhost -u root -p
Enter password:
Welcome to the MySQL monitor.   Commands end with ; or \g.
Your MySQL connection id is 11
Server version: 8.0.29 MySQL Community Server - GPL
...
mysql> show databases;
+--------------------+
| Database           |
+--------------------+
| information_schema |
| mysql              |
| performance_schema |
| sys                |
| test               |
+--------------------+
5 rows in set (0.74 sec)
mysql>
```

# 任务 7-3　Docker 的数据管理

本任务通过使用数据卷和数据卷容器两种方式实现 Docker 的数据管理。

**1. 在容器中创建一个数据卷**

（1）创建一个数据卷。

```
[root@rhel8 ~]# docker volume create web-vol
web-vol
```

（2）查看所有数据卷。

```
[root@rhel8 ~]# docker volume ls
DRIVER       VOLUME NAME
local        web-vol
```

（3）查看指定数据卷的信息。

```
[root@rhel8 ~]# docker volume inspect web-vol
[
    {
        "CreatedAt": "2022-05-27T23:13:32-04:00",
        "Driver": "local",
        "Labels": {},
        "Mountpoint": "/var/lib/docker/volumes/web-vol/_data",
        "Name": "web-vol",
        "Options": {},
        "Scope": "local"
    }
]
```

数据卷在宿主机的位置通过使用 mountpoint 参数可以得到。

（4）启动一个挂载数据卷的容器。

在使用 docker run 命令时，可以使用--mount 标记将数据卷挂载到容器中。

```
[root@rhel8 ~]# docker run -d –name=web-vol -p 85:80 \
                --mount source=web-vol,target=/usr/share/nginx/html nginx:alpine
Unable to find image 'nginx:alpine' locally
alpine: Pulling from library/nginx
df9b9388f04a: Already exists
a285f0f83eed: Pull complete
e00351ea626c: Pull complete
06f5cb628050: Pull complete
32261d4e220f: Pull complete
9da77f8e409e: Pull complete
Digest: sha256:a74534e76ee1121d418fa7394ca930eb67440deda413848bc67c68138535b989
Status: Downloaded newer image for nginx:alpine
6f191ddd324abd4048f25a1bb309fe26719e819e16423b6c78785277259b2bc3
[root@rhel8 ~]# docker ps
CONTAINER ID    IMAGE           COMMAND                 CREATED          STATUS
PORTS                           NAMES
6f191ddd324a    nginx:alpine    "/docker-entrypoint…"   12 seconds ago   Up 10 seconds
0.0.0.0:85->80/tcp, :::85->80/tcp    web-vol
```

（5）查看容器挂载的数据卷。

```
[root@rhel8 ~]# docker inspect 6f191ddd324a
[
    {
        …
        "Mounts": [
            {
```

```
                   "Type": "volume",
                   "Source": "web-vol",
                   "Target": "/usr/share/nginx/html"
                }
              ],
              …
          }
]
```

数据卷在 mounts 参数中。

（6）查看数据卷的内容。

```
[root@rhel8 ~]# ll /var/lib/docker/volumes/web-vol/_data
总用量 8
-rw-r--r--. 1 root root 497 1 月    25 10:26 50x.html
-rw-r--r--. 1 root root 615 1 月    25 10:26 index.html
```

数据卷的内容不会随着容器的停止或删除而被自动删除。

### 2. 挂载主机目录作为数据卷

在 Linux 中，MySQL 默认的数据文档存储目录为/var/lib/mysql。为了防止 MySQL 镜像或容器删除后 MySQL 的数据丢失，可以将容器内目录/var/lib/mysql 中的数据绑定到宿主机的目录/home/mysql/data 中，即使用-v 方式挂载主机目录/home/mysql/data 到容器的目录/var/lib/mysql 中。在使用-v 方式挂载时，冒号前面的目录是宿主机目录，冒号后面的目录是容器内目录。

```
[root@rhel8 ~]# docker run -itd --name mysql-vol \
           -v /home/mysql/data:/var/lib/mysql \
           -p 3307:3306 \
           -e MYSQL_ROOT_PASSWORD=123456 mysql
```

这样 MySQL 的数据文档可以在/home/mysql/data 中找到并存储起来。在使用-v 方式时，如果本地目录不存在，则 Docker 会自动创建本地目录。下面查看目录/home/mysql/data 中的文件。

```
[root@rhel8 ~]# ll /home/mysql/data/
总用量 198056
-rw-r-----. 1 systemd-coredump input     1382 5 月    27 03:37    a7b60a3ea9b8.err
-rw-r-----. 1 systemd-coredump input       56 5 月    27 03:36    auto.cnf
-rw-r-----. 1 systemd-coredump input  3116922 5 月    27 03:37    binlog.000001
…
```

查看容器使用的数据卷。注意，数据卷在 mounts 参数中。

```
[root@rhel8 ~]# docker inspect mysql-vol
[
    {
```

```
...
    "Mounts": [
        {
            "Type": "bind",
            "Source": "/home/mysql/data",
            "Destination": "/var/lib/mysql",
            "Mode": "",
            "RW": true,
            "Propagation": "rprivate"
        }
    ]
    ...
    }
]
```

# 任务 7-4　使用 Dockerfile 构建 Web 镜像

### 1. 准备静态网页资源

编写一个简单的 HTML 界面，使界面中显示 hello,docker。

```
[root@rhel8 ~]# mkdir /webdata
[root@rhel8 ~]# cd /webdata
[root@rhel8 webdata]# vim index.html
<!DOCTYPE html>
<html lang="en">
<head>
    <meta charset="UTF-8">
    <meta name="viewport" content="width=device-width, initial-scale=1.0">
    <title>docker web</title>
</head>
<body>
    <h1>hello, docker</h1>
</body>
</html>
```

### 2. 配置 Dockerfile

新建 Dockerfile。

```
[root@rhel8 webdata]# vim Dockerfile
FROM nginx
COPY ./index.html /usr/share/nginx/html/
```

其中，FROM 指令告诉 Docker 使用哪个镜像作为基础，这里以 Nginx 镜像作为基础；COPY 指令指定把哪些文件复制到目录/usr/share/nginx/html 中，因为在 Nginx 镜像中配置的前端资源访问路径为/usr/share/nginx/html，所以将前端资源文件复制到该路径即可。

### 3. 使用 docker build 命令生成镜像

```
[root@rhel8 webdata]# docker build -t webapp:v1 .
Sending build context to Docker daemon    3.072kB
Step 1/2 : FROM nginx
latest: Pulling from library/nginx
214ca5fb9032: Pull complete
66eec13bb714: Pull complete
17cb812420e3: Pull complete
56fbf79cae7a: Pull complete
c4547ad15a20: Pull complete
d31373136b98: Pull complete
Digest: sha256:2d17cc4981bf1e22a87ef3b3dd20fbb72c3868738e3f307662eb40e2630d4320
Status: Downloaded newer image for nginx:latest
 ---> de2543b9436b
Step 2/2 : COPY ./index.html /usr/share/nginx/html/
 ---> f4d0975f50c4
Successfully built f4d0975f50c4
Successfully tagged webapp:v1
```

在 docker build 命令中，webapp:v1 的含义为指定镜像名称 webapp 及版本号 v1。末尾的 "." 号表示上下文路径，docker build 命令会根据这个上下文路径寻找本机路径。

### 4. 查看生成的镜像

```
[root@rhel8 webdata]# docker images
REPOSITORY        TAG        IMAGE ID        CREATED           SIZE
webapp            v1         f4d0975f50c4    40 seconds ago    142MB
```

### 5. 运行生成的镜像

```
[root@rhel8 webdata]# docker run -d -p 82:80 webapp:v1
```

### 6. 查看 Docker 的运行情况

```
[root@rhel8 webdata]# docker ps
CONTAINER ID    IMAGE    COMMAND    CREATED    STATUS    PORTS    NAMES
aa58f3a306db        webapp:v1    "/docker-entrypoint...."      About a minute ago      Up About a minute
0.0.0.0:82->80/tcp    busy_bose
```

### 7. 验证

访问 http://localhost:82，Web 应用测试结果如图 7-4 所示。

图 7-4　Web 应用测试结果

# 任务 7-5　Docker 镜像的发布

如果要让团队内或其他人使用构建完成的镜像，可以将构建完成的镜像发布到配置完成的私有镜像仓库或公共镜像仓库中。Docker 默认的公共镜像仓库为 Docker Hub，Docker Hub 可供任何人下载开源的镜像。

本任务将构建一个 webapp，并将其上传到 Docker Hub 中。

## 1. 注册 Docker Hub 账号

要将 webapp 上传到 Docker Hub，需要先在 Docker Hub 中注册一个账号。如图 7-5 所示为 Docker Hub 注册界面。

图 7-5　Docker Hub 注册界面

## 2．在 Docker Hub 中新建仓库

注册账号后登录 Docker Hub，Docker Hub 仓库管理界面如图 7-6 所示。创建一个名称为 webapp 的仓库，用来上传镜像，如图 7-7 所示。

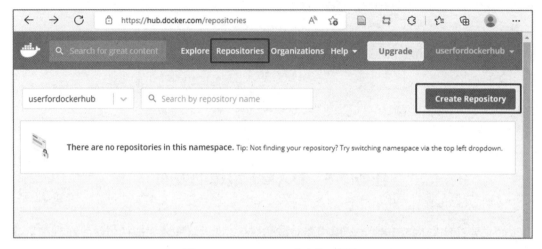

图 7-6　Docker Hub 仓库管理界面

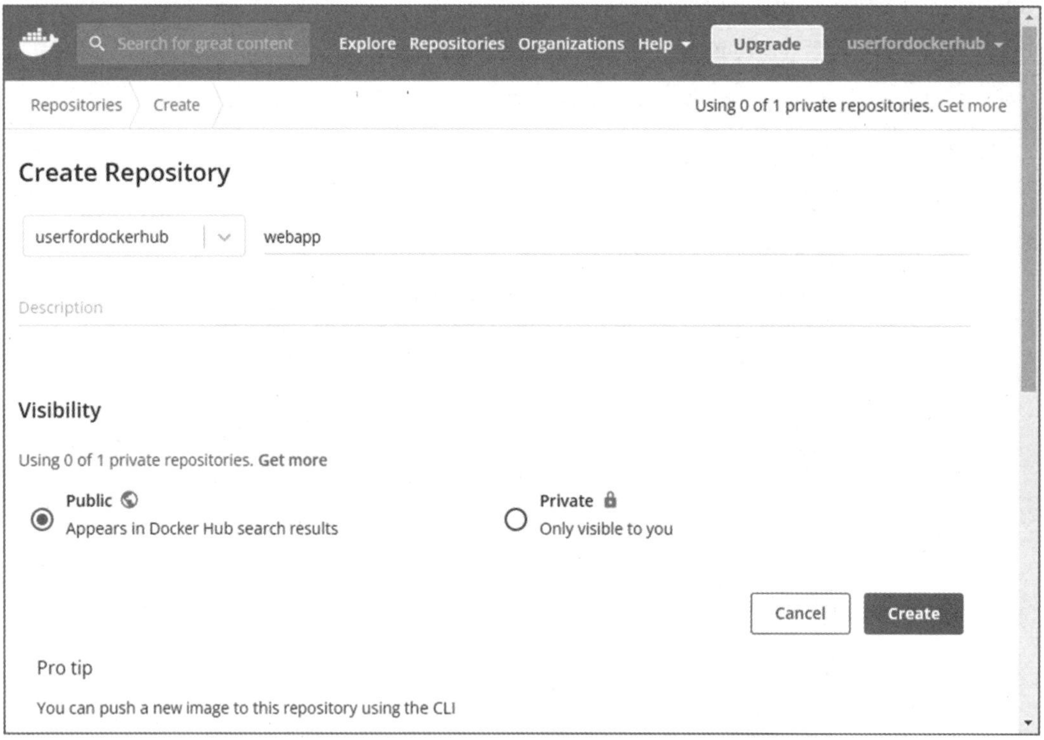

图 7-7　创建仓库

### 3. 为镜像打标签

在推送镜像前，需要按照镜像推送的规范格式使用 docker image tag 命令为镜像打标签，将镜像打标签成"仓库名/镜像名：镜像版本"的格式。下面查看当前镜像列表。

```
[root@rhel8 webdata]# docker images
REPOSITORY      TAG         IMAGE ID        CREATED           SIZE
webapp          v1          f4d0975f50c4    40 seconds ago    142MB
```

使用 docker image tag 命令为镜像打标签。

```
[root@rhel8 webdata]# docker image tag webapp:v1 userfordockerhub/webapp:latest
[root@rhel8 webdata]# docker images
REPOSITORY                  TAG         IMAGE ID        CREATED           SIZE
userfordockerhub/webapp     latest      f4d0975f50c4    22 minutes ago    142MB
webapp                      v1          f4d0975f50c4    22 minutes ago    142MB
```

### 4. 登录 Docker Hub

使用注册的账号在 RHEL8 中登录 Docker Hub。

```
[root@rhel8 webdata]# docker login
Login with your Docker ID to push and pull images from Docker Hub. If you don't have a Docker ID, head over
to https://hub.docker.com to create one.
Username: userfordockerhub
Password:
WARNING! Your password will be stored unencrypted in /root/.docker/config.json.
Configure a credential helper to remove this warning. See
https://docs.docker.com/engine/reference/commandline/login/#credentials-store
Login Succeeded
```

### 5. 将镜像推送给 Docker Hub

登录成功后，使用 docker push 命令将打标签的镜像推送给 Docker Hub。

```
[root@rhel8 webdata]# docker push userfordockerhub/webapp:latest
The push refers to repository [docker.io/userfordockerhub/webapp]
72bb1c18ab0d: Pushed
a059c9abe376: Mounted from library/nginx
09be960dcde4: Mounted from library/nginx
18be1897f940: Mounted from library/nginx
dfe7577521f0: Mounted from library/nginx
d253f69cb991: Mounted from library/nginx
fd95118eade9: Mounted from library/nginx
latest: digest: sha256:d5e405aa3e1c41d07ab40d1ea977fa5966da60109e0ac36a28d74d106233bae3 size: 1777
```

### 6. 在 Docker Hub 中查看及下载推送的镜像

推送成功后，可以在 Docker Hub 中查看推送的镜像。此时，其他用户可以在 Docker Hub 中下载该镜像。Docker Hub 镜像列表如图 7-8 所示。

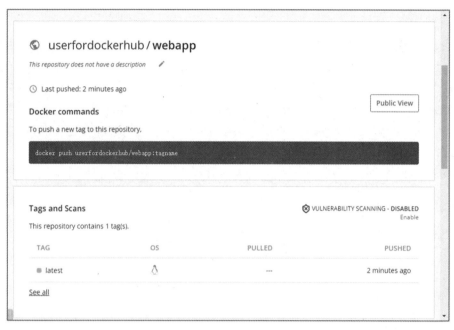

图 7-8　Docker Hub 镜像列表

# 课后练习

## 一、选择题

1. （　　）守护进程用于镜像的管理。

A．containerd　　　　B．daemon　　　　C．runc　　　　D．Docker 客户机

2. 以下（　　）是 Dockerfile 部分。

A．基础镜像信息　　B．维护者信息　　C．镜像操作指令　　D．都

3. （　　）指定容器挂载点到宿主机自动生成的目录或其他容器中。

A．ENV　　　　　　B．VOLUME　　　　C．ARG　　　　D．EXPOS

4. 以下（　　）是公有仓库。

A．Docker Hub　　　B．Harbor　　　　C．Registry　　　D．都不

5. 以下（　　）是私有仓库。

A．Docker Hub　　　B．Docker Cloud　　C．Registry　　　D．都不

## 二、简答题

1. 什么是容器？

2. 容器虚拟化和传统虚拟化的区别是什么？

# 项目八

## 腾讯云服务

### 学习目标

一、知识目标

（1）掌握腾讯云体系架构、云产品服务。

（2）掌握云 API 的概念。

二、技能目标

（1）掌握云服务器、云数据库的创建和配置。

（2）掌握云存储、云网络的配置与管理。

（3）掌握云服务器 API 的调用。

三、素质目标

（1）激发艰苦奋斗、自主创新的学习热情；

（2）关注关键企业，要有国际视野和竞争意识。

### 项目描述

与传统的私有数据中心相比，云服务提供商的公有云成本相对低廉，被认为是云计算的主要形态。"公有"反映了这类云服务不属于用户所有，而是向公众提供计算资源的服务。其应用程序和存储等资源由服务提供商提供，这些资源部署在服务提供商的内部。公有云服务提供商包括亚马逊、谷歌、微软，以及阿里云、百度云和腾讯云等。公有云的优势在于成本低、可扩展性强，缺点在于缺乏对云资源的控制、机密数据的安全性较低、网络性能和匹配度不高。通过公有云部署云服务器并通过腾讯云 API 只需要少量的代码即可快速操作云产品。在熟练的情况下，使用云 API 完成一些频繁调用的功能可以极大地提高效率，从而快速实现类似操作，创造更多价值。此外，用户还可以按照实际需求自由组合云 API 的各个功能，以实现更高级的功能及定制化的开发。

 相关知识

# 8.1 腾讯云概述

腾讯云在云端为开发者及企业提供云服务、云数据、云运营等整体一站式的服务方案。其具体包括云服务器、云存储、云数据库和弹性 Web 引擎等基础云服务，腾讯云分析（MTA）、腾讯云推送（信鸽）等腾讯整体大数据的能力，以及 QQ 互联、QQ 空间、微云、微社区等云端链接社交体系。基于腾讯自身在游戏、视频、社交、出行等业务的强势地位，腾讯云的市场份额占比一直在不断扩大。

# 8.2 腾讯云产品

### 1. 云服务器产品

云服务器产品多样，不同产品的特性各有差异，适用不同的场景。

（1）腾讯云云服务器。

腾讯云云服务器（Cloud Virtual Machine，CVM）在云中提供可扩展的计算服务，避免了在使用传统服务器时需要预估资源用量及前期投入的情况。通过使用 CVM 云服务器，可以在短时间内快速启动任意数量的云服务器并即时部署应用程序。CVM 云服务器支持用户自定义一切资源（如 CPU、内存、硬盘、网络、安全等），并可以在访问量和负载等需求发生变化时轻松地调整。CVM 云服务器与传统服务器对比如表 8-1 所示。

表 8-1　CVM 云服务器与传统服务器对比

| 对比 | CVM 云服务器 | 传统服务器 |
| --- | --- | --- |
| 资源灵活度 | 弹性计算 | 资源短缺或闲置 |
| 配置灵活度 | 灵活配置 | 固定配置 |
| 稳定与容灾 | 稳定、可靠 | 手工容灾、安全不可控 |
| 管理方式 | 简单、易用 | 自行装机、扩展硬件 |

续表

| 对比 | CVM 云服务器 | 传统服务器 |
| --- | --- | --- |
| 访问控制 | 安全网络 | 难以实现精细化的网络策略 |
| 安全防护 | 全面防护 | 额外购买安全防护服务 |
| 成本 | 计费灵活 | 费用昂贵、运维成本高 |

（2）轻量应用服务器。

轻量应用服务器（Lighthouse）是新一代面向中小企业和开发者的云服务器产品，具备轻运维、开箱即用的特点，适用于小型网站、博客、论坛、电商，以及云端开发测试和学习环境等轻量级业务场景。相比传统云服务器，轻量应用服务器更加简单、易用，并通过一站式融合常用的基础云服务帮助用户便捷、高效地构建应用，是使用腾讯云产品的最佳入门途径。

（3）GPU 云服务器。

GPU 云服务器（GPU Cloud Computing）是基于 GPU 的快速、稳定、弹性的计算服务，主要应用于深度学习训练/推理、图形/图像处理，以及科学计算等场景。 GPU 云服务器提供和标准的 CVM 云服务器一致的方便、快捷的管理方式。GPU 云服务器通过强大的快速处理海量数据的计算性能，有效地解放了用户的计算压力，提升了用户的业务处理效率与竞争力。

（4）FPGA 云服务器。

FPGA 云服务器（FPGA Cloud Computing）是基于 FPGA（Field Programmable GateArray）现场可编程阵列的计算服务，支持快速部署 FPGA 计算实例。支持在 FPGA 实例上编程，为应用程序创建自定义硬件加速。此外，FPGA 云服务器可以提供可重编程的环境。用户可以在 FPGA 实例上多次编程，而无须重新设计硬件。

（5）专用宿主机。

专用宿主机（Cvm Dedicated Host，CDH）能够以独享宿主机资源的方式购买、创建云主机，以满足资源独享、安全、合规的需求。购买专用宿主机后，可以在它上面灵活地创建、管理多种自定义规格的独享型云主机。

（6）黑石物理服务器。

黑石物理服务器（CPM）是一种包年包月的裸金属云服务，可以为用户提供云端独享的高性能的、无虚拟化的、安全隔离的物理服务器集群。使用这种服务器，只需要根据业务特性弹性伸缩黑石物理服务器的数量，获取黑石物理服务器的时间将被缩短至分钟级。其将容量管理及运维工作交由腾讯云，可以专注于业务创新。

2．云数据库产品

腾讯云数据库提供了三大类 PaaS 产品。第一类是 SQL，即关系型数据库，包括 MySQL、SQL Server、PostGreSQL、MariaDB 等；第二类是 NoSQL，包括 Redis、Memcached、MongoDB、CTSDB；第三类是 NewSQL，如 CynosDB、TDSQL 等自主研发的云原生数据库。此外，腾讯云数据库还提供了迁移上云、运维智能监控、订阅商业分析、智能管家

DBbrain 等产品，并且为用户提供了一键式的故障定位分析和优化，以及数据库管理和数据库可视化等数据库产品。基于 SaaS 和 PaaS 产品在产品矩阵的顶层，腾讯云数据库针对各个行业实际业务的特性，为电商行业、金融行业、零售行业、安防行业、工业行业和教育行业等设计了符合行业特性的多种行业数据库的解决方案。腾讯云数据库主营的 PaaS 产品，具体如下。

（1）云数据库 MySQL。

云数据库 MySQL（TencentDB for MySQL）是腾讯云基于开源数据库 MySQL 专业打造的高性能、分布式数据存储服务。使用云数据库 MySQL，在几分钟内即可部署可扩展的 MySQL 数据库实例，不仅经济实惠，而且可以弹性调整硬件容量的大小而无须停机。云数据库 MySQL 提供备份回档、监控、快速扩容、数据传输等数据库运维全套解决方案，简化了 IT 运维工作，更加专注于业务发展。

（2）云数据库 Redis。

云数据库 Redis（TencentDB for Redis）是由腾讯云提供的兼容 Redis 协议的缓存数据库，具备高可用性、高可靠性、高弹性等特征。云数据库 Redis 服务兼容 Redis 2.8、Redis 4.0、Redis 5.0 版本，提供标准和集群两大架构版本，且最大支持 4TB 的存储容量，千万级的并发请求，可以满足业务在缓存、存储、计算等不同场景中的需求。

（3）云数据库 SQL Server。

云数据库 SQL Server（TencentDB for SQL Server）具有微软正版授权，可持续为用户提供最新的功能，避免了未授权使用软件的风险。此外，云数据库 SQL Server 还具有即开即用、稳定可靠、安全运行、弹性扩缩容等特点，同时也具备高可用架构、数据安全保障和故障秒级恢复等功能，能够让用户专注于应用程序的开发。

（4）云数据库 MongoDB。

云数据库 MongoDB（TencentDB for MongoDB）是腾讯云基于开源非关系型数据库 MongoDB 专业打造的高性能、分布式数据存储服务，完全兼容 MongoDB 协议，适用于面向非关系型数据库的场景。

### 3. 云存储产品

腾讯云存储产品包括对象存储、文件存储、归档存储、存储网关、私有云存储、云硬盘、云数据迁移。

（1）对象存储。

对象存储（Cloud Object Storage，COS）是面向企业和个人开发者提供的具有高可用性、高稳定性、强安全性的云端存储服务。用户可以将任意数量和形式的非结构化数据放入 COS，并在其中实现数据的管理和处理。COS 支持标准的 Restful API 接口，用户可以快速上手使用，按实际使用量计费，且无最低使用限制。COS 按照不同的使用场景分为标准存储（Standard）、低频存储（Infrequent Access）和近线存储（Nearline）。

（2）文件存储。

文件存储（Cloud File Storage，CFS）提供了可扩展的共享文件存储服务，可以与腾讯云的 CVM 云服务器等服务搭配使用。CFS 提供了标准的 NFS 文件系统访问协议，为多个 CVM 实例提供了共享的数据源，支持无限容量和性能的扩展，且现有应用无须修改即可挂载使用，是一种具有高可用性、高可靠性的分布式文件系统，适合大数据分析、媒体处理和内容管理等场景。

（3）归档存储。

归档存储（Cloud Archive Storage，CAS）是面向企业和个人开发者提供的具有高可靠性、低成本的云端离线存储服务。用户可以将任意数量和形式的非结构化数据放入 CAS，实现数据的容灾和备份。

（4）存储网关。

存储网关（Cloud Storage Gateway，CSG）提供了一种混合云存储方案。使用这种产品旨在帮助企业或个人实现本地存储与公有云存储的无缝衔接。用户无须关心多协议本地存储设备与云存储的兼容性，只需要在本地安装云 CSG 即可实现混合云部署，并拥有可以媲美本地性能的海量云端存储。

（5）私有云存储。

私有云存储（Cloud Storage on Private，CSP）面向企业提供了可扩展性、高可靠性、强安全性、低成本的 PB 级海量数据的存储能力。CSP 提供客户机房私有部署、腾讯云机房专区部署两种方式，可以满足客户的多种场景需求，并保障客户对系统百分之百可控。

（6）云硬盘。

云硬盘（Cloud Block Storage，CBS）是腾讯云提供的用于 CVM 实例的持久性数据块级存储。每个 CBS 在可用区内自动复制，CBS 中的数据在可用区内以多副本冗余方式存储，避免数据的单点故障风险。CBS 可以为用户提供处理工作所需的稳定、可靠、低延迟存储。通过 CBS，用户可以在很短的时间内调整存储容量，且所有这些用户只需为配置的资源量支付低廉的价格。

（7）云数据迁移。

云数据迁移（Cloud Data Migration，CDM）是腾讯云提供的 TB～PB 级别的数据迁移上云服务。本产品包括多种线下离线迁移的专用设备，满足了本地办公网络或数据中心的大规模数据迁移上云的需求，解决了大量数据通过网络传输时间长、成本高、安全性低的问题。

4．云网络产品

（1）私有网络。

在腾讯云上可以独享并自主规划一个完全逻辑隔离的网络空间，使用云资源之前，必须先创建私有网络。私有网络的核心组成部分包括私有网络网段、子网和路由表。

① 私有网络网段。

在创建私有网络时，用户需要用 CIDR（无类别域间路由）作为私有网络的指定 IP 地址组。腾讯云私有网络的 CIDR 支持使用下面私有网络网段中的任意一个。

10.0.0.0～10.255.255.255（掩码范围需在 16～28 之间）

172.16.0.0～172.31.255.255（掩码范围需在 16～28 之间）

192.168.0.0～192.168.255.255（掩码范围需在 16～28 之间）

> 注意：CIDR 表示法，其中 16 代表二进制 16 个 1，翻译过来就是 255.255.0.0。

② 子网。

子网是私有网络的一个网络空间，云资源部署在子网中。由于在一个私有网络中至少有一个子网，因此在创建私有网络时，会同步创建一个初始子网。私有网络中的所有云资源（如云服务器、云数据库等）都必须部署在子网中，子网中的 CIDR 必须在私有网络的 CIDR 中。当有多个业务需要部署在不同子网或已有子网不满足业务需求时，用户可以在私有网络中继续创建新的子网。

私有网络具有地域属性（如广州），而子网具有可用区属性（如广州一区），用户可以为私有网络划分一个或多个子网，在同一个私有网络中不同子网默认内网互通，在不同私有网络之间（无论是否在同一地域）默认内网隔离。

③ 路由表。

用户在创建私有网络时，系统会自动生成一个默认路由表，以保证在同一个私有网络中的所有子网互通。当默认路由表中的路由策略无法满足应用时，可以创建自定义路由表。

在规划私有网络网段时，需要注意以下几点。

- 如果需要建立多个私有网络，且私有网络与私有网络之间或私有网络与 IDC 之间有通信需求，应避免多个私有网络网段重叠。
- 如果私有网络需要和基础网络互通，应创建网段范围为 10.[0~47].0.0/16 及其子集的私有网络，其他网段的私有网络无法创建基础网络互通。
- 私有网络 CIDR 和子网 CIDR 创建后都不能修改。当私有网络 CIDR 和子网 CIDR 的地址不足时，可以通过创建辅助 CIDR 解决。由于辅助 CIDR 处于内测阶段，会增加更多操作的复杂性，因此建议在创建私有网络和子网时，应合理规划网段的地址。

在规划子网网段时，需要注意以下几点。

- 子网网段范围：用户可以选择在私有网络网段范围内或与私有网络网段相同的网段作为子网网段，如私有网段为 10.0.0.0/16，则用户可以选择 10.0.0.0/16～10.0.255.255/28 之间的网段作为子网网段。
- 子网的大小和 IP 的容量：由于子网创建后不可修改，因此在创建子网时应使子网网段的 IP 容量满足需求，但子网不宜过大，以防后续业务在扩展时无法创建新的子网。
- 业务需求：在同一个私有网络下可以按照业务模块划分子网，如 Web 层、逻辑层、数据层分别部署在不同子网，不同子网之间可以使用网络 ACL 进行访问控制。

（2）负载均衡。

① 负载均衡的概念。

负载均衡（Cloud Load Balancer，CLB）是对多台云服务器进行流量分发的服务。负载均衡可以通过流量分发扩展应用系统对外的服务能力，通过消除单点故障提升应用系统的可用性。

负载均衡通过设置虚拟服务地址（Virtual IP，VIP），将位于同一个地域的多台云服务器资源虚拟成一个高性能、高可用的应用服务池，根据应用指定的方式，将来自客户机的网络请求分发到云服务器池中。

负载均衡会检查云服务器池中云服务器实例的健康状态，自动隔离异常状态的实例，从而解决云服务器的单点问题，并提高应用的整体服务能力。

腾讯云提供的负载均衡具备自助管理、自助故障修复、预防网络攻击等高级功能，适用于企业、社区、电子商务、游戏等多种用户场景。

② 负载均衡组的组成部分及工作原理。

一个提供服务的负载均衡组通常由以下部分组成。

- Cloud Load Balancer：负载均衡实例，用于流量分发。
- VIP：负载均衡向客户机提供服务的 IP 地址。
- Backend/Real Server：后端一组云服务器实例，用于实际处理请求。
- VPC/基础网络：整体网络环境。

来自负载均衡外的访问请求，通过负载均衡实例并根据相关的策略和转发规则分发到后端云服务器进行处理。

负载均衡器接收来自客户机的传入流量，并将请求路由到一个或多个可用区的后端服务器实例中进行处理。

负载均衡主要由负载均衡监听器提供。负载均衡监听器负责监听负载均衡实例上的请求、执行策略，并分发至后端服务器等服务。通过配置客户机—负载均衡和负载均衡—后端服务器两个维度的转发协议及协议端口，负载均衡可以将请求直接转发到后端服务器中。

在配置负载均衡器的后端 CVM 实例时，可以跨多个可用区。如果一个可用区变得不可用，负载均衡监听器会将流量路由到其他可用区正常运行的实例上，从而屏蔽可用区故障引起的服务中断问题。

客户机请求通过域名访问服务，在请求发送到负载均衡监听器之前，DNS 服务器将会解析负载均衡的域名，并将收到请求的负载均衡 IP 地址返回客户机。当负载均衡监听器收到请求时，将会使用不同的负载均衡算法将请求分发到后端服务器中。目前，腾讯云支持加权轮询和 ip_hash 加权最小连接数等多种均衡算法。

此外，负载均衡器还可以监控后端实例的运行状况，从而确保只将流量路由到正常运行的实例中。当负载均衡监听器检测到运行不正常的实例时，会停止向该实例路由流量，并且当检测到实例正常运行之后会重新向其路由流量。

（3）弹性公网 IP。

① 弹性公网 IP 的概念。

弹性公网 IP（Elastic IP，EIP），是可以独立购买和持有的、某个地域下固定不变的公网 IP 地址。弹性公网 IP 可以与 CVM 实例、NAT 网关、弹性网卡绑定，提供访问公网和被公网访问的能力。

② 弹性公网 IP 的类型。

腾讯云支持常规 BGP IP、精品 BGP IP、加速 IP 和静态单线 IP 等多种类型的弹性公网 IP。

- 常规 BGP IP：普通 BGP IP，用于平衡网络质量与成本。
- 精品 BGP IP：专属线路，避免绕行国际运营商的出口，网络延时更低。
- 加速 IP：采用 Anycast 加速，使公网访问更稳定、可靠，且低延迟。
- 静态单线 IP：通过单个网络运营商访问公网，成本低且便于自主调度。

③ 普通公网 IP 和弹性公网 IP 的区别。

公网 IP 地址是 Internet 中的非保留地址，有公网 IP 地址的云服务器可以和 Internet 中的其他计算机互相访问。普通公网 IP 和弹性公网 IP 均为公网 IP 地址，二者均可为云资源提供访问公网和被公网访问的能力。普通公网 IP 虽然能够在 CVM 云服务器购买时分配但是无法与 CVM 云服务器解绑，如在购买时未分配，则无法获得；而弹性公网 IP 是可以独立购买和持有的公网 IP 地址，可以随时与 CVM 云服务器、NAT 网关、弹性网卡等云资源绑定或解绑。

# 8.3 云 API 概述

云 API 是腾讯云开放生态的基石。使用云 API，只需编写少量的代码即可快速操作云产品。在熟练的情况下，使用云 API 完成一些频繁调用的功能可以极大地提高效率。此外，使用云 API，可以组合功能，实现更高级的功能。云 API 易于自动化和远程调用，兼容性强，对系统要求低。云 API 与控制台 Web UI 对比如表 8-2 所示。

表 8-2 云 API 与控制台 Web UI 对比

| 对比 | 云 API | 控制台 Web UI |
|---|---|---|
| 速度 | 快速地使用云产品 | 启动慢，需加载 |
| 效率 | 高效地使用云产品 | 重复工作，效率低下 |
| 灵活性 | 批处理和操作集成 | 功能单一，无法扩展 |
| 其他 | 易于自动化和远程调用，兼容性强，对系统要求低 | 难以自动化，不适用远程调用，需要操作系统界面的支持 |

 项目实践

扫一扫
看微课

# 任务 8-1　云服务器的创建和配置

云服务器的创建和配置的步骤包括申请云服务器、登录 Linux 云服务器和登录 Windows 云服务器。

1. 申请云服务器

（1）注册腾讯云账号，并完成实名认证。新用户需在腾讯云官方网站上进行注册。

（2）访问腾讯云云服务器介绍界面，并单击"立即选购"按钮，如图 8-1 所示。

图 8-1　腾讯云云服务器介绍界面

（3）在云服务器购买界面中，选择"自定义配置"→"1.选择机型"选项，实例标准选择"标准型 S5"（见图 8-2），"镜像"选择"公共镜像"，并选择"CentOS 7.6 64 位"，勾选"免费分配独立公网 IP"复选框，并将"公网带宽"设置为"按使用流量"，机型数量选择 1。完成配置后，单击"下一步：设置主机"按钮，如图 8-3 所示。

（4）进入设置主机界面。配置"安全组"为"新建安全组"，并勾选"放通常用 IP/端口"全部选项的复选框（见图 8-4），配置"实例名称"为 s2，"登录方式"为"设置密码"，并设置 root 密码。完成配置后，单击"下一步：确认配置信息"按钮，如图 8-5 所示。

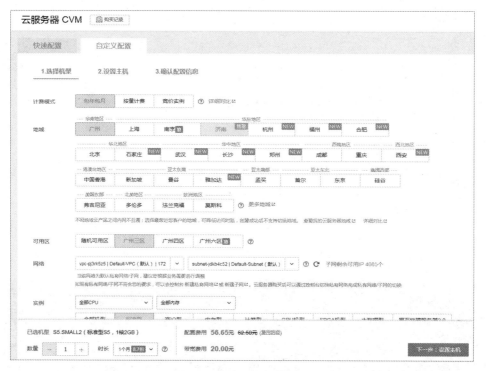

图 8-2　自定义配置界面 1

图 8-3　自定义配置界面 2

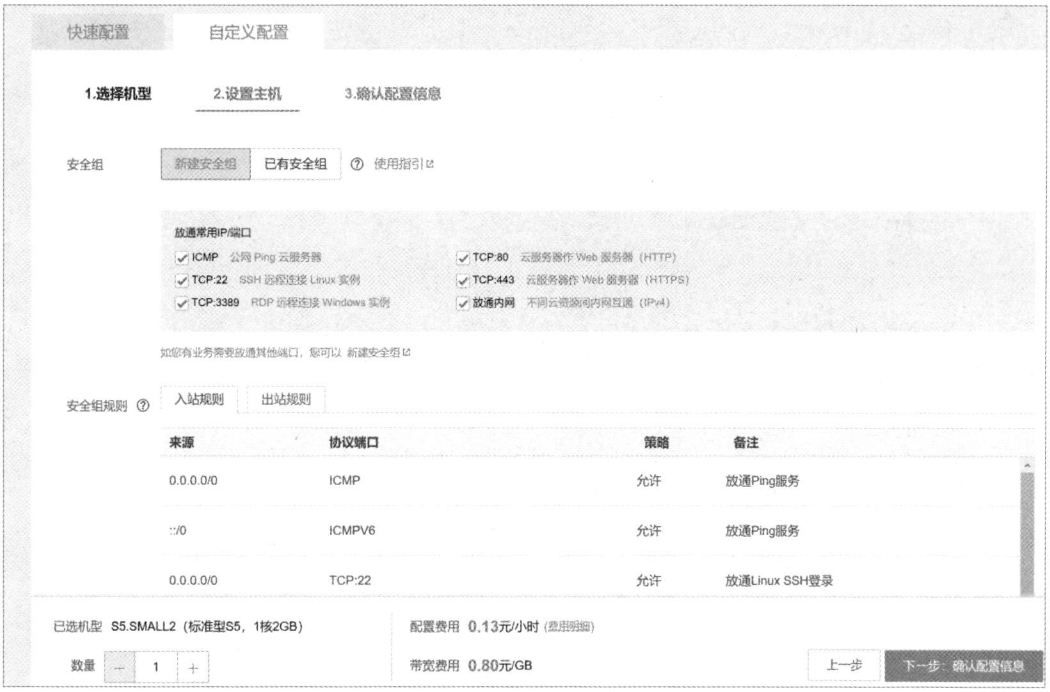

图 8-4 设置主机界面 1

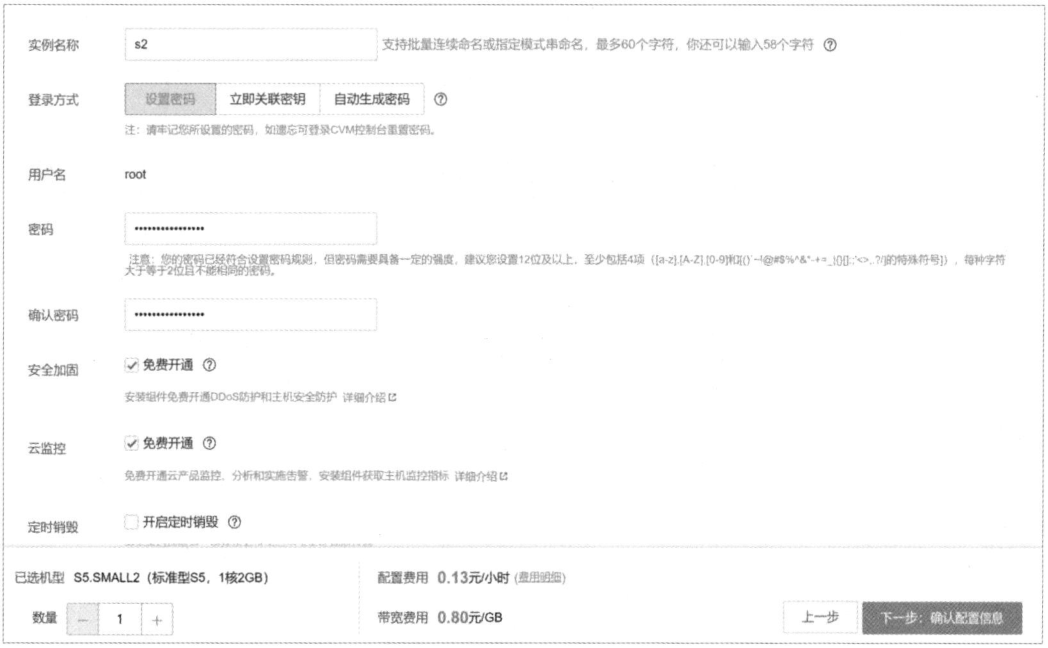

图 8-5 设置主机界面 2

（5）进入确认配置信息界面如图 8-6 所示。

图 8-6　确认配置信息界面

（6）确认配置信息，核对购买的云服务器信息，了解各项配置的费用明细。

（7）阅读并勾选"同意《腾讯云服务协议》"复选框，单击"开通"按钮，完成云服务器的选购。进入云服务器控制台，在云服务器的实例列表界面中查看选购的云服务器的相关信息，如图 8-7 所示。

图 8-7　云服务器的相关信息

此外，云服务器的实例名称、公网 IP 地址、内网 IP 地址、登录名、初始登录密码等信息也会以站内信的方式发送到用户的账户上。用户可以使用这些信息登录和管理实例。

### 2. 登录 Linux 云服务器

（1）登录云服务器控制台，在实例列表界面中找到刚刚购买的云服务器，并单击"登录"按钮，如图 8-8 所示。

图 8-8　实例列表界面

（2）在"登录实例"界面中输入云服务器的"用户名"和"登录密码"，单击"确定"按钮，即可正常登录，如图 8-9 所示。

图 8-9　"登录实例"界面

（3）登录成功界面如图 8-10 所示。

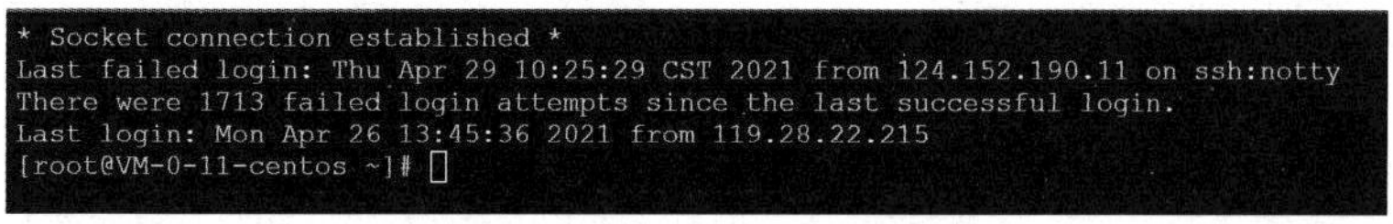

图 8-10　登录成功界面

### 3. 登录 Windows 云服务器

（1）登录云服务器控制台。在实例列表界面中找到刚刚购买的云服务器，并单击"登录"按钮，如图 8-11 所示。

图 8-11　实例列表界面

（2）在弹出的界面中，先下载 RDP 文件到本地，再使用 RDP 文件登录，如图 8-12 所示。

图 8-12　"登录 Windows 实例"界面

（3）输入云服务器的密码界面如图 8-13 所示。

图 8-13　输入云服务器的密码界面

（4）登录成功后将打开 Windows 云服务器界面，如图 8-14 所示。

图 8-14　Windows 云服务器界面

# 任务 8-2　云数据库的创建和配置

云数据库具有按需付费、按需扩展、高可用性等优势。

## 1. 创建 MySQL 实例

（1）登录 MySQL 购买界面，单击"立即选购"按钮进入云数据库配置界面，选择云数据库的"计费模式"为"按量计费"，"地域"为"广州"（见图 8-15），因为云服务器在广州三区，所以这里的"主可用区"选择"广州三区"，选择"实例规格"为"1 核 1000MB"，"硬盘"为 80GB（见图 8-16），设置"网络"为"Default-VPC（默认）"，并选择"安全组"（见图 8-17），确认无误后，单击"立即购买"按钮，如图 8-18 所示。

图 8-15　云数据库配置界面 1

图 8-16　云数据库配置界面 2

图 8-17　云数据库配置界面 3

![云数据库配置界面4](图 8-18)

参数模版　　默认参数模版
　　　　　　新建参数模版

告警策略　　默认告警策略　　已选择告警策略（共 1 条）
　　　　　　默认告警策略 ×
　　　　　　新建告警策略

指定项目　　默认项目

标签 ⑦　　标签键　　　　标签值　　　　操作
　　　　　　添加

实例名　　创建后命名　立即命名

购买数量　− 1 + 台　（您在广州地域可购买的按量计费的云数据库配额为100台，已购买1台）

服务条款　✓ 我已阅读并同意《云数据库服务条款》

费用
配置费用
2.57 元/小时（使用15天后，降低至 1.43 元/小时 ⑦ 计费详情）

备份费用 ⑦
0.0008 元/GB/小时（初始免费，超出赠送收费）

流量费用
0.00 元/GB ⑦

立即购买

图 8-18　云数据库配置界面 4

（2）提示购买成功后，单击"前往管理页面"按钮，如图 8-19 所示。

图 8-19 提示购买成功

（3）返回实例列表界面，会看到实例状态为"发货中"（需等待 3～5 分钟），如图 8-20 所示。待实例状态变为"未初始化"后，即可进行初始化操作。

图 8-20 等待发货

## 2. 初始化 MySQL 实例

创建 MySQL 实例后，需要进行 MySQL 实例的初始化，以启用实例。

（1）先登录 MySQL 控制台，选择对应地域，然后在实例列表界面中选择状态为"未初始化"，最后单击"初始化"按钮，初始化云数据库，如图 8-21 所示。

图 8-21 初始化云数据库

（2）在弹出的"初始化"界面中设置 root 账号密码，并输入确认密码，单击"确定"按钮，如图 8-22 所示。

（3）在弹出的"初始化实例"界面中单击"确定"按钮，重启并初始化数据库，如图 8-23 所示。

（4）重启后，返回实例列表界面，当实例状态变为"运行中"时，初始化成功即可正常使用，如图 8-24 所示。

## 3. 登录云数据库

（1）在界面中输入初始化时的账号和密码，并单击"登录"按钮，即可登录云数据库，如图 8-25 所示。

图 8-22　设置密码

图 8-23　重启并初始化数据库

图 8-24　初始化成功

图 8-25　登录云数据库界面

（2）选择“新建”→“新建库”命令，即可进行新建数据库操作界面，如图 8-26 所示。

数据管理
新建
库管理
实例监控
实例会话
SQL 窗口
数据管理
通知
实例: cdb-8unhlboj
test
首页
表
视图
存储过程
函数
触发器
实例状态
CPU
连接数
存储空间
运行良好
0.84/ 100（%）
5/ 800（个数）
0.133/ 35（GB）
实例基本信息
实例ID
cdb-8unhlboj
实例名称
cdb303107
数据库类型
MySQL 5.7
地域
广州

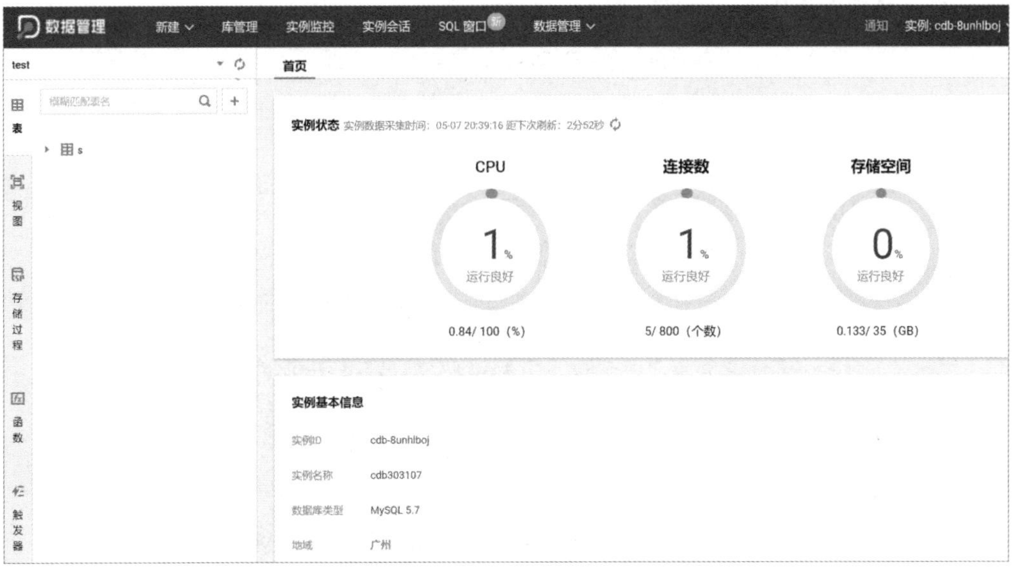

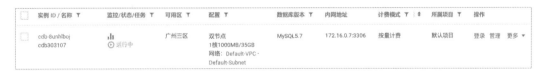

图 8-26 新建数据库操作界面

## 4．Windows 服务器连接 MySQL 实例

通过内网地址连接云数据库 MySQL，使用云服务器 CVM 直接连接云数据库的内网地址。这种连接方式使用内网高速网络，延迟低。

（1）查看云服务器 CVM 访问自动分配给云数据库的内网地址，如图 8-27 所示。

实例 ID / 名称
监控/状态/任务
可用区
配置
数据库版本
内网地址
计费模式
所属项目
操作
cdb-8unhlboj
cdb303107
运行中
广州三区
双节点
1核1000MB/35GB
网络：Default-VPC - Default-Subnet
MySQL5.7
172.16.0.7:3306
按量计费
默认项目
登录 管理 更多

图 8-27 查看云数据库的内网地址

（2）登录云服务器，登录方式可以参考前面对云服务器内容的介绍。

（3）在 Windows 云服务器中下载一个标准的 SQL 客户端，推荐使用安装包 MySQL Workbench，打开云服务器中的浏览器，在浏览器中网址会直接弹出运行。此时，可以先安装 Microsoft Visual C++ 2015 Redistributable 安装包，再安装 MySQL Workbench 安装包。

Visual C++ Redistributable Package：https://course-public-resources-1252758970.cos.ap-chengdu.myqcloud.com/%E5%AE%9E%E6%88%98%E8%AF%BE/%E8%85%BE%E8%AE%AF%E4%BA%91%E6%95%B0%E6%8D%AE%E5%BA%93%E7%9A%84%E5%85%A5%E9%97%A8%E4%BD%93%E9%AA%8C/vc_redist.x64.exe

MySQL Workbench：https://course-public-resources-1252758970.cos.ap-chengdu.myqcloud.com/%E5%AE%9E%E6%88%98%E8%AF%BE/%E8%85%BE%E8%AE%AF%E4%BA%91%E6%95%B0%E6%8D%AE%E5%BA%93%E7%9A%84%E5%85%A5%E9%97%A8%E4%BD%93%E9%AA%8C/mysql-workbench-community-8.0.18-winx64.msi

（4）使用安装包 Microsoft Visual C++ 2015 Redistributable 进行安装，单击"安装"按钮，运行安装包，如图 8-28 所示。

图 8-28　运行安装包 Microsoft Visual C++ 2015 Redistributable

（5）使用安装包 MySQL Workbench 进行安装，单击 Next 按钮，运行安装包，如图 8-29 所示。

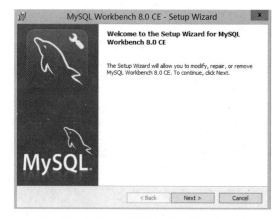

图 8-29　运行安装包 MySQL Workbench

（6）选择安装地址，如图 8-30 所示。

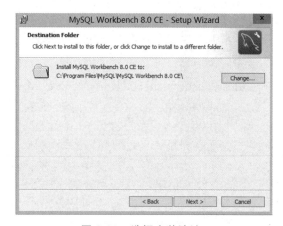

图 8-30　选择安装地址

（7）选择安装类型为 Complete，并单击 Next 按钮，如图 8-31 所示。

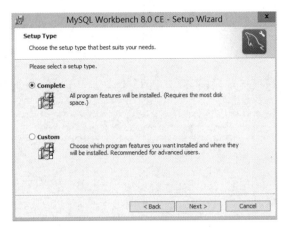

图 8-31　选择安装类型

（8）单击 Install 按钮，启动安装，如图 8-32 所示。

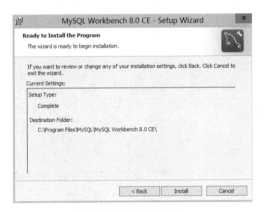

图 8-32　启动安装

（9）单击 Finish 按钮，完成安装，如图 8-33 所示。

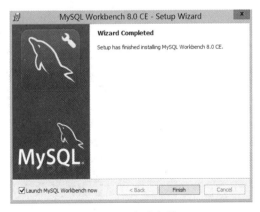

图 8-33　完成安装

（10）进入 MySQL Workbench 界面，单击加号按钮，如图 8-34 所示。

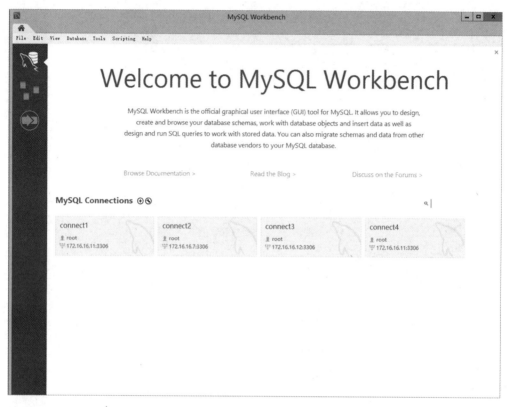

图 8-34　MySQL Workbench 界面

（11）在弹出的界面中输入连接名称为 connect1，并在 Hostname 文本框中输入云数据库内网 IP 地址 172.16.0.7，建立连接，如图 8-35 所示。

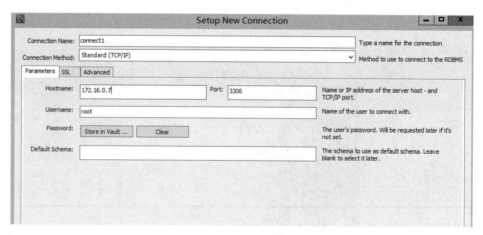

图 8-35　建立连接

（12）输入数据库密码，单击 OK 按钮，如图 8-36 所示。

图 8-36　输入数据库密码

（13）进入数据库操作界面，如图 8-37 所示。用户可在此界面中建库、建表。

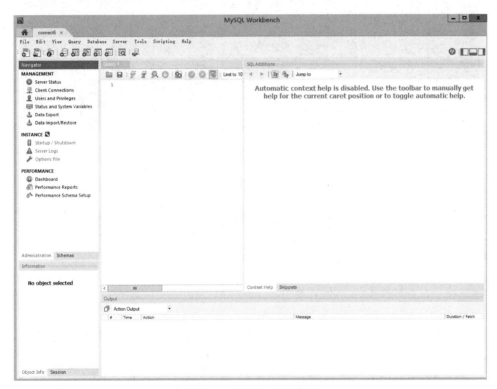

图 8-37　数据库操作界面

5. Linux 服务器连接 MySQL 实例

（1）以 CentOS 7.6 64 位的云服务器为例，登录云服务器。

（2）安装 MySQL 客户端的命令如图 8-38 所示。

```
[root@VM-0-11-centos ~]# yum install mysql
```

图 8-38　安装 MySQL 客户端的命令

当出现 Complete!时，安装完成。安装完成界面如图 8-39 所示。

```
Install    1 Package
Upgrade              ( 1 Dependent package)

Total download size: 9.5 M
Is this ok [y/d/N]: y
Downloading packages:
Delta RPMs disabled because /usr/bin/applydeltarpm not installed.
(1/2): mariadb-libs-5.5.68-1.el7.x86_64.rpm
(2/2): mariadb-5.5.68-1.el7.x86_64.rpm
-------------------------------------------------------------------
Total
Running transaction check
Running transaction test
Transaction test succeeded
Running transaction
  Updating   : 1:mariadb-libs-5.5.68-1.el7.x86_64
  Installing : 1:mariadb-5.5.68-1.el7.x86_64
  Cleanup    : 1:mariadb-libs-5.5.65-1.el7.x86_64
  Verifying  : 1:mariadb-libs-5.5.68-1.el7.x86_64
  Verifying  : 1:mariadb-5.5.68-1.el7.x86_64
  Verifying  : 1:mariadb-libs-5.5.65-1.el7.x86_64

Installed:
  mariadb.x86_64 1:5.5.68-1.el7

Dependency Updated:
  mariadb-libs.x86_64 1:5.5.68-1.el7

Complete!
```

图 8-39　安装完成界面

（3）输入命令 mysql -h 172.16.0.7 -u root -p，如图 8-40 所示。

```
Complete!
[root@VM-3-14-centos ~]# mysql -h 172.16.0.7 -u root -p
Enter password: ▯
```

图 8-40　输入命令

（4）输入云数据库密码，连接成功，如图 8-41 所示。

```
Welcome to the MariaDB monitor.  Commands end with ; or \g.
Your MySQL connection id is 1602528
Server version: 5.7.18-txsql-log 20201231

Copyright (c) 2000, 2018, Oracle, MariaDB Corporation Ab and others.

Type 'help;' or '\h' for help. Type '\c' to clear the current input statement.

MySQL [(none)]> ▯
```

图 8-41　连接成功

扫一扫
看微课

# 任务 8-3　云存储的配置与管理

扫一扫
看微课

## 1. 对象存储——创建存储桶

（1）在腾讯云控制台中，选择"产品"→"对象存储 COS 概览"选项，进入 COS 服务选购界面，单击"立即使用"按钮，如图 8-42 所示。

扫一扫
看微课

图 8-42　COS 服务选购界面

（2）在左侧导航栏中，单击"存储桶列表"按钮，进入存储桶列表界面，单击"创建存储桶"按钮，创建存储桶，如图 8-43 所示。

图 8-43　创建存储桶

（3）设置"名称"为 examplebucket1，"所属地域"为"中国""广州"，"访问权限"为"私有读写"，单击"确定"按钮，完成存储桶的创建。创建存储桶的设置如图 8-44 所示。

图 8-44　创建存储桶的设置

2．对象存储——上传对象

（1）单击存储桶的名称，进入存储桶列表界面，如图 8-45 所示。

图 8-45　存储桶列表界面

（2）先选择"选择上传对象"→"选择文件"选项，再选择需要上传至存储桶的文件，即名称为 example.txt 的文件，如图 8-46 所示。

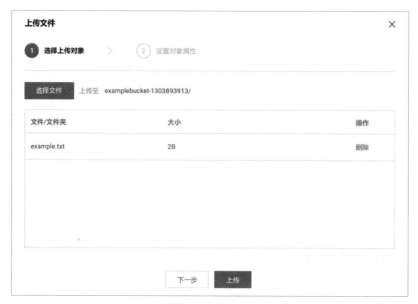

图 8-46　上传对象

（3）单击"上传"按钮，即可将文件 example.txt 上传至存储桶，如图 8-47 所示。

图 8-47　上传成功

### 3. 对象存储——下载对象

（1）单击文件 example.txt 右侧的"详情"按钮，进入"基本信息"界面。

（2）在"基本信息"界面中，单击"下载对象"按钮，即可下载该对象，如图 8-48 所示。

图 8-48　下载对象

### 4. 块存储——创建云硬盘

（1）在腾讯云控制台中，选择"产品"→"云硬盘 CBS 概览"选项，进入 CBS 服务选购界面，单击"立即选购"按钮，如图 8-49 所示。

图 8-49　CBS 服务选购界面

（2）在弹出的"购买数据盘"界面中，选择"可用区"为"广州三区"（确保云服务器和云硬盘在同一个可用区），"云硬盘类型"为"高性能云硬盘"，"容量"为 10GB，

"硬盘名称"为 s2-test,"计费模式"为"按量计费","购买数量"为 1 块,如图 8-50 所示。

图 8-50 "购买数据盘"界面

(3)单击"提交"按钮,返回云硬盘列表界面。在云硬盘列表界面中,可以查看已购买的弹性云盘 s2-test 的相关信息,如图 8-51 所示。

图 8-51 云硬盘列表界面

5. 块存储——挂载云硬盘

(1)登录云服务器控制台,选择左侧导航栏中的"云硬盘"选项。

(2)在云硬盘列表界面中选择"广州三区",并选择右侧的"更多"→"挂载"选项,挂载云硬盘如图 8-52 所示。

图 8-52　挂载云硬盘

（3）在弹出的界面中选择要挂载的云服务器，单击"下一步"按钮，如图 8-53 所示。

图 8-53　挂载到实例 1

（4）单击"开始挂载"按钮，如图 8-54 所示。

（5）等待片刻后，云硬盘列表界面中显示"已挂载"，关联云实例 rs-2，挂载成功，如图 8-55 所示。

图 8-54　挂载到实例 2

图 8-55　挂载成功

### 6. 文件存储——创建文件系统及挂载点

（1）在腾讯云控制台中，选择"产品"→"文件存储 CFS 概览"选项，进入 CFS 服务选购界面，单击"立即使用"按钮，如图 8-56 所示。

图 8-56　CFS 服务选购界面

（2）选择"文件存储"→"文件系统"选项，单击"创建"按钮，弹出"新建文件系统"界面，单击"下一步：详细设置"按钮，如图 8-57 所示。

（3）在"详细设置"界面中，选择"计费方式"为"按量计费"，"文件系统名称"为 lulu，"可用区"为"广州三区"，"文件协议"为 NFS，"选择网络"为 Default-VPC，如图 8-58 所示。完成配置后，单击"下一步：资源包"按钮，并单击"立即购买"按钮，即可创建文件系统。

图 8-57　选择文件系统类型

图 8-58　"详细设置"界面

（4）文件系统创建完毕后，返回文件系统列表界面，如图 8-59 所示。

| ID/名称 | 状态 ▼ | 使用量/总容量 ⇅ | 吞吐上限 ⓘ | 可用区 | IP ⇅ | 存储类型 ▼ | 协议 ▼ | 操作 |
|---|---|---|---|---|---|---|---|---|
| cfs-2n3bpi5t<br>lulu | 创建中 | 0MiB/160TiB | 100MiB/s | 广州三区 | - | 通用标准型 | NFS | 编辑标签 删除 |

图 8-59　文件系统列表界面

（5）单击已创建的文件系统的名称，进入文件系统的"挂载点信息"界面，如图 8-60 所示。

图 8-60 文件系统的"挂载点信息"界面

### 7. 文件系统——挂载 NFS

（1）启动 NFS 客户端。登录 CentOS，并确保系统中已经安装 nfs-utils。如果没有安装 nfs-utils，则执行如下命令进行安装，如图 8-61 所示。

```
sudo yum install nfs-utils
```

```
[root@VM-3-14-centos ~]# sudo yum install nfs-utils
```

图 8-61 安装 nfs-utils

（2）执行以下命令创建待挂载目标目录。

```
mkdir /nfs
```

（3）挂载文件系统。执行以下列命令实现 NFS v4.0 挂载。

```
sudo mount -t nfs -o vers=4.0,noresvport 172.16.0.17:/ /nfs
```

其中，172.16.0.17 为挂载点 IP，目录/nfs 为待挂载目标目录。

（4）挂载完成后，执行 df -h 命令查看已挂载的文件系统，如图 8-62 所示。可以看出，当前的 NFS 硬盘已经挂载成功，远程的服务器目录已经挂载了本机的 NFS 硬盘，且当前硬盘容量为 10GB。

```
Complete!
[root@VM-3-14-centos ~]# mkdir /nfs
[root@VM-3-14-centos ~]# sudo mount -t nfs -o vers=4.0,noresvport 172.16.0.17:/ /nfs
[root@VM-3-14-centos ~]# df -h
Filesystem      Size  Used Avail Use% Mounted on
devtmpfs        909M     0  909M   0% /dev
tmpfs           919M   24K  919M   1% /dev/shm
tmpfs           919M  516K  919M   1% /run
tmpfs           919M     0  919M   0% /sys/fs/cgroup
/dev/vda1        50G  2.6G   45G   6% /
tmpfs           184M     0  184M   0% /run/user/0
172.16.0.17:/    10G   32M   10G   1% /nfs
[root@VM-3-14-centos ~]# []
```

图 8-62　查看已挂载的文件系统

# 任务 8-4　云网络的配置与管理

### 1. 创建私有网络

（1）在腾讯云控制台中，选择"产品"→"私有网络 VPC 概览"选项，进入 VPC 服务选购界面，单击"立即体验"按钮，如图 8-63 所示。

图 8-63　VPC 服务选购界面

（2）在"私有网络"界面中，选择 VPC 的所属地域，并单击"新建"按钮。

（3）在"新建 VPC"界面中，先设置私有网络信息，选择"所属地域"为"华南地区（广州）"，"名称"为"广州三区"，IPv4 CIDR 为 192.168.0.0/16。再设置初始子网信息，选择"子网名称"为 web1，IPv4 CIDR 为 192.168.1.0/24，"可用区"为"广州三区"，如图 8-64 所示。

图 8-64 "新建 VPC"界面

（4）参数设置完成后，单击"确定"按钮完成 VPC 的创建，创建成功的 VPC 展示在列表界面中。可以看到，新建的 VPC 包含一个初始子网和一个默认路由表，如图 8-65 所示。

| ID/名称 | IPv4 CIDR ⓘ | 子网 | 路由表 | NAT 网关 | VPN 网关 | 云服务器 | 专线网关 |
|---|---|---|---|---|---|---|---|
| vpc-nceylfmr<br>广州三区 | 192.168.0.0/1<br>6 | 1 | 1 | 0 | 0 | 0 ⓟ | 0 |

图 8-65 列表界面

（5）单击私有网络的名称，可以查看与私有网络相关联的所有网络信息，如图 8-66 所示。

（6）继续创建子网，如图 8-67 所示。

（7）刷新后，显示所有子网，如图 8-68 所示。

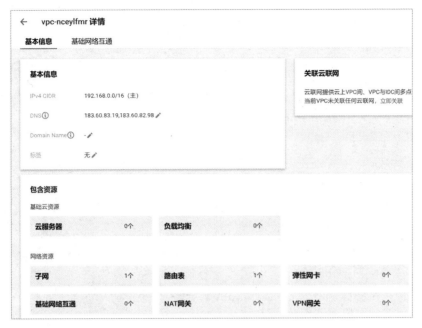

图 8-66　"基本信息"界面

图 8-67　创建子网

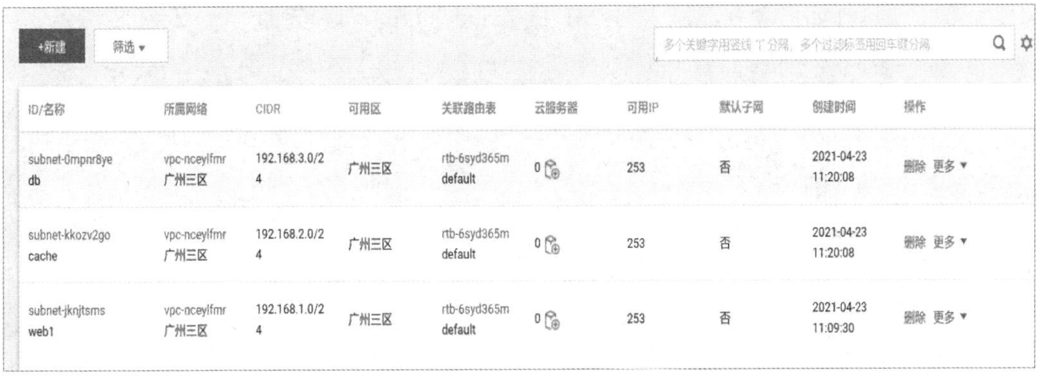

图 8-68　显示所有子网

2. 配置负载均衡

（1）部署 Nginx。

步骤 1：创建两个云服务器，分别为 rs-1 和 rs-2，操作系统均为 CentOS7.5。

步骤 2：购买完成后，在云服务器的详情界面，单击"登录"按钮，登录云服务器，输入用户名和密码后，开始搭建 Nginx 环境。

执行如下命令安装 Nginx。

```
yum -y install nginx
```

执行如下命令查看 Nginx。

```
nginx -v
```

执行如下命令查看 Nginx 安装目录。

```
rpm -ql nginx
```

执行如下命令启动 Nginx。

```
service nginx start
```

步骤 3：访问云服务器的公网 IP 地址。Nginx 部署完成界面如图 8-69 所示。

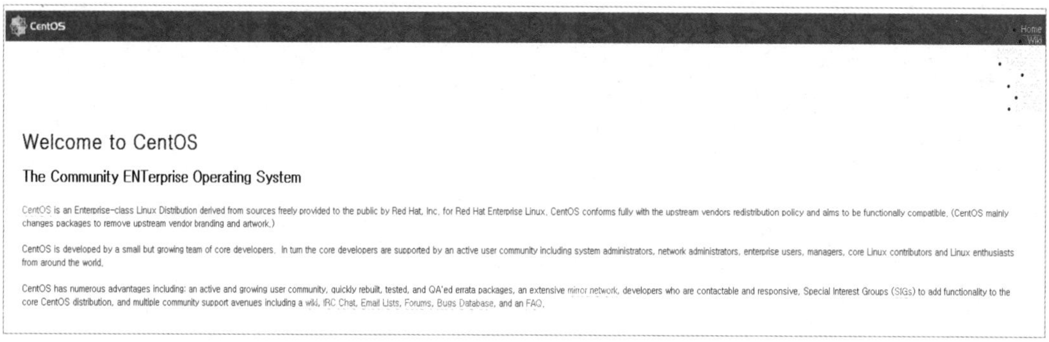

图 8-69　Nginx 部署完成界面

步骤 4：Nginx 的默认根目录是/usr/share/nginx/html，直接修改 HTML 中的 index.html 静态界面，用来标识这个界面的特殊性，相关操作如下。

步骤 5：执行如下命令，进入 HTML 中的 index.html 静态界面。

```
vim /usr/share/nginx/html/index.html
```

步骤 6：按 i 键进入编辑模式，输入如下内容。

```
<body>
Hello nginx , This is rs-1!
URL is index.htm</body>
```

步骤 7：按 Esc 键，输入:wq，保存编辑。

步骤 8：负载均衡可以根据后端服务器的路径来进行请求转发。在目录 image 中部署静态界面的相关操作如下。

步骤 9：依次执行如下命令，新建并进入目录 image。

```
mkdir /usr/share/nginx/html/image
cd /usr/share/nginx/html/image
```

步骤 10：执行如下命令，在目录 image 中创建 index.html 静态页面。

```
vim index.html
```

步骤 11：按 i 键进入编辑模式，在界面中输入如下内容。

```
Hello nginx , This is rs-1!
URL is image/index.html
```

步骤 12：按 Esc 键，输入:wq，保存编辑。

步骤 13：访问云服务器的公网 IP 和路径，如果可以显示出已经部署完成的静态界面，则证明 Nginx 部署成功。以 HTTP 转发为例，已经在两台云服务器中部署 Nginx，并在 rs-1 和 rs-2 中分别返回一个带有 Hello nginx! This is rs-1!和 Hello nginx! This is rs-2! 的 HTML。

步骤 14：rs-1 的 index.html 界面，如图 8-70 所示。

图 8-70　rs-1 的 index.html 界面

rs-1 的/image/index.html 界面，如图 8-71 所示。

图 8-71　rs-1 的 /image/index.html 界面

如果已经部署完成 Nginx，则可以跳过以上步骤，直接进行下面的步骤。

（2）购买负载均衡实例。

负载均衡实例成功购买后，系统将自动分配一个 VIP，该 VIP 为负载均衡向客户机提供服务的 IP 地址。

步骤 1：登录负载均衡控制台。在"实例管理"界面单击"新建"按钮，新建负载均衡，如图 8-72 所示。

步骤 2：在负载均衡购买界面中，选择"地域"为"广州"，"网络类型"为"公网"，"网络计费模式"为"按带宽计费"。设置完成后，单击"立即购买"按钮，完成负载均衡的购买，如图 8-73 所示。

步骤 3：返回"实例管理"界面，选择对应的地域即可查看新建的实例，如图 8-74 所示。

图 8-72　新建负载均衡

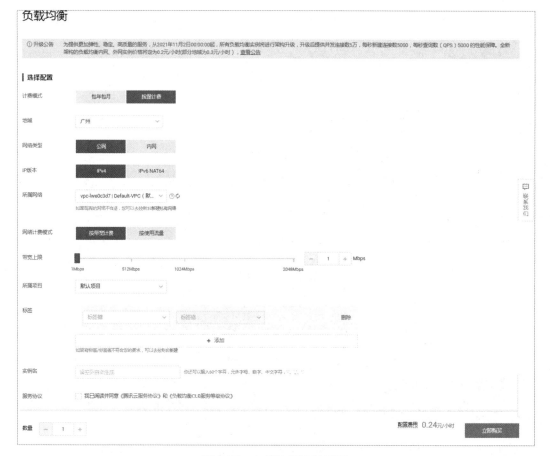

图 8-73　负载均衡购买界面

图 8-74　查看新建的实例

（3）创建负载均衡监听器。

步骤1：登录负载均衡控制台，在"实例管理"界面中，找到目标负载均衡实例，并单击"配置监听器"按钮。

步骤2：选择"监听器管理"→"HTTP/HTTPS 监听器"选项，单击"新建"按钮，如图 8-75 所示。

图 8-75  "监听器管理"界面

步骤3：在"创建监听器"界面中，设置"名称"为 test1，"监听协议端口"为 HTTP：80。配置完成后，单击"提交"按钮，如图 8-76 所示。

图 8-76  "创建监听器"界面

（4）配置监听器的转发规则。

步骤1：在"监听器管理"界面中，选择刚才新建的监听器并单击加号按钮，添加规则。

步骤2：在"创建转发规则"界面的"基本配置"选项组中，设置"域名"为 www.example.com，"URL 路径"为/image/，"均衡方式"为"加权轮询"。配置完成后，单击"下一步"按钮，如图 8-77 所示。

图 8-77 "基本配置"选项组

步骤 3：在"健康检查"选项组中，开启"健康检查"选项，并设置"检查域名"和"检查路径"选项，使用默认的转发域名和转发路径。设置完成后，单击"下一步"按钮，如图 8-78 所示。

图 8-78 "健康检查"选项组

步骤 4：在"会话保持"选项组中，关闭"会话保持"选项，并单击"提交"按钮，打开如图 8-79 所示界面，配置监听器的转发规则。

图 8-79　配置监听器的转发规则

（5）为监听器绑定后端云服务器。

步骤 1：在"HTTP/HTTPS 监听器"界面中，单击加号按钮展开刚才创建的监听器，选择 URL 路径，并在右侧单击"绑定"按钮。

步骤 2：在"绑定后端服务"界面中，先选择绑定实例类型为"云服务器"，再选择与负载均衡实例同地域下的云服务器实例 rs-1 和 rs-2，并设置云服务器"端口"均为 80，云服务器"权重"均为默认值 10，最后单击"确认"按钮，如图 8-80 所示。

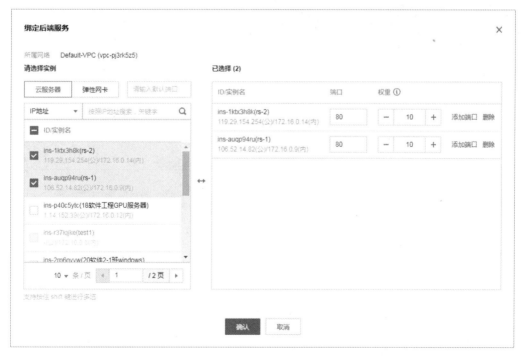

图 8-80　"绑定后端服务"界面

步骤 3：在"HTTP/HTTPS 监听器"界面右侧的"转发规则详情"选项组中，可以查看绑定的云服务器和其端口健康状态。当"端口健康状态"为"健康"时，表示云服务器可以正常处理负载均衡转发的请求，如图 8-81 所示。

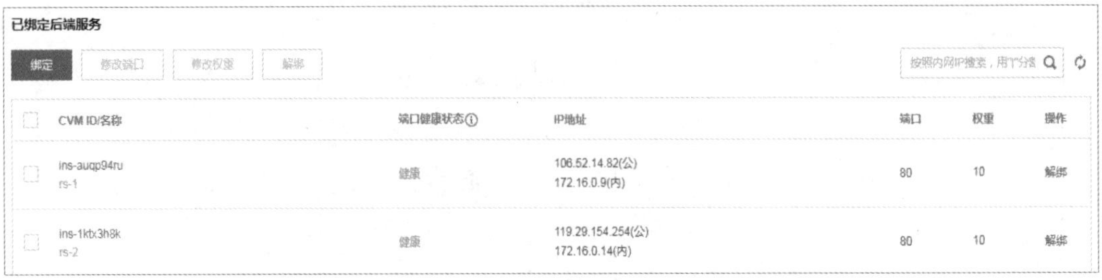

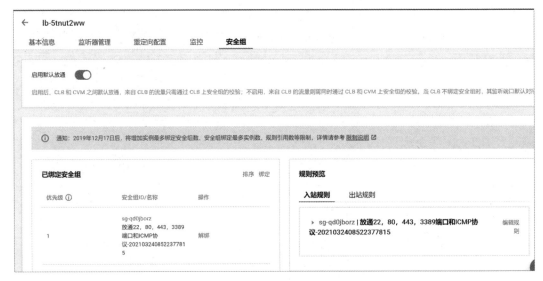

图 8-81    "转发规则详情"选项组

（6）配置安全组。

步骤 1：登录负载均衡控制台，在"实例管理"界面中找到目标负载均衡实例，并单击实例 ID。

步骤 2：在实例详情界面，选择"安全组"选项卡，开启"启用默认放通"选项。启用默认放通功能后，将仅验证"规则预览"选项组中的安全组规则，如图 8-82 所示。

图 8-82    启用默认放通功能

（7）验证负载均衡。

配置完成负载均衡后，可以验证负载均衡是否生效。

步骤 1：在 Windows 中，进入 C:\Windows\System32\drivers\etc 目录，修改 hosts 文件，把域名映射到负载均衡实例的 VIP 上。在图 8-83 所示的 hosts 文件后面添加 VIP+www.example.com。

步骤 2：为了验证 hosts 文件是否配置成功，在此使用 ping www.example.com 命令检测该域名是否成功绑定了 VIP。若有数据包，则证明绑定成功，如图 8-84 所示。

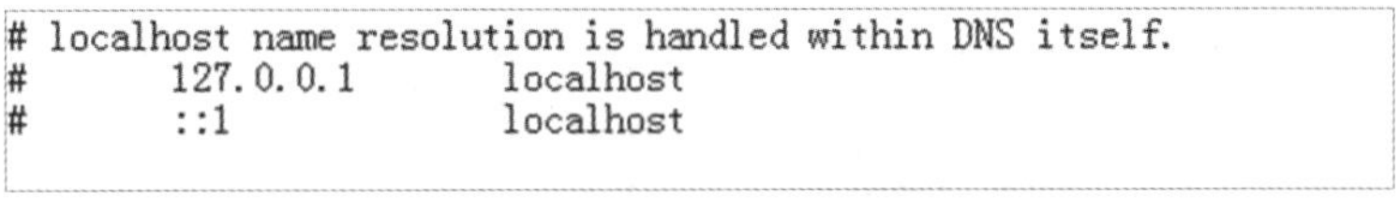

```
# localhost name resolution is handled within DNS itself.
#       127.0.0.1       localhost
#       ::1             localhost
```

图 8-83 hosts 文件

**步骤 3：** 在浏览器中输入访问路径 http://159.75.192.213/image/，测试负载均衡，若出现如图 8-85 所示界面，则本次请求被负载均衡器转发到了 rs-1 的 CVM 云服务器上，CVM 云服务器正常处理请求并返回界面。

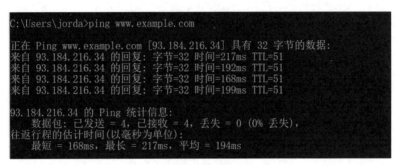

图 8-84 检测是否绑定成功

图 8-85 转发到 rs-1 的 CVM 云服务器上

此监听器的均衡方式是"加权轮询"，且两台 CVM 云服务器的权重值都是 10。刷新浏览器，再次发送请求，若出现图 8-86 所示界面，则表示本次请求被 CLB 转发到了 rs-2 的 CVM 云服务器上。

图 8-86 转发到 rs-2 的 CVM 云服务器上

### 3. 配置弹性公网 IP

（1）申请弹性公网 IP。

**步骤 1：** 登录弹性公网 IP 控制台。在"弹性公网 IP"界面顶部选择地域为"广州"，并单击"申请"按钮，如图 8-87 所示。

**步骤 2：** 在弹出的"申请 EIP"界面中，用户按照自己的账户类型，进行参数设置。设置"IP 地址类型"为"常规 BGP IP"，"所属地域"为"华南地区（广州）"，"计费模式"为"按流量"，"数量"为 1，配置完成后，勾选"同意《腾讯云 EIP 服务协议》"复选框并单击"确定"按钮，如图 8-88 所示。

图 8-87　"弹性公网 IP"界面

图 8-88　"申请 EIP"界面

步骤 3：完成弹性公网 IP 的申请后，在弹性公网 IP 列表界面中，可以查看已申请的弹性公网 IP，此时已申请的弹性公网 IP 处于未绑定状态，如图 8-89 所示。

图 8-89　弹性公网 IP 列表界面

（2）绑定 CVM 云服务器。

步骤 1：登录弹性公网 IP 控制台，并选择弹性公网 IP 所在地域，选择目标弹性公网 IP 右侧的"更多"→"绑定"选项，如图 8-90 所示。

图 8-90　选择绑定实例

步骤 2：在弹出的"绑定资源"界面中，先选中"CVM 实例"单选按钮，并选择待绑定的 CVM 实例 test1，然后单击"确定"按钮，如图 8-91 所示。

图 8-91　绑定 CVM 云服务器

# 任务 8-5　云服务器 API 的调用

（1）在 API 中心单击 API Explore3.0 进入工具，显示如图 8-91 所示界面。最左侧是产品列表，单击云服务器产品后，右侧显示相应产品的相关列表，如地域相关接口、实例相关接口等。

（2）选择"云服务器"→"实例相关接口"→"创建实例"选项，如图 8-92 所示。此时需要输入的参数很多，此处以参数 Zone 和 ImageID 为例介绍如何获取参数值。如果不清除每个参数的具体含义，可以单击参数右侧的问号按钮，会显示出每个参数的具体含义。

图 8-91　API 3.0 界面

图 8-92　选择"创建实例"选项

（3）选择"云服务器"→"实例相关接口"→"查询实例机型列表"选项，先在"输入参数"选项组中的地域参数下拉列表中选择"华南地区（广州）"选项，再设置 Name 分别为 zone 和 instance-family，Values N 分别为 ap-guangzhou-3 和 SA1，查询实例机型系列为 SA1 的机型列表，如图 8-93 所示。

图 8-93　查询机型列表

（4）选择"在线调用"选项卡，若在弹出的界面中单击"发送请求"按钮（见图 8-94），则会在"响应结果"界面中显示出请求结果，如图 8-95 所示。其中，ap-guangzhou-3 表示广州三区。如果要创建在广州三区的服务器，则应设置 Zone 为 ap-guangzhou-3。

图 8-94　发送请求

图 8-95　"响应结果"界面

（5）在 CVM 云服务器创建界面中查询广州三区中实例机型系列为 SA1 的机型列表时，需要对实例类型的相关项进行选择，如图 8-96 所示。

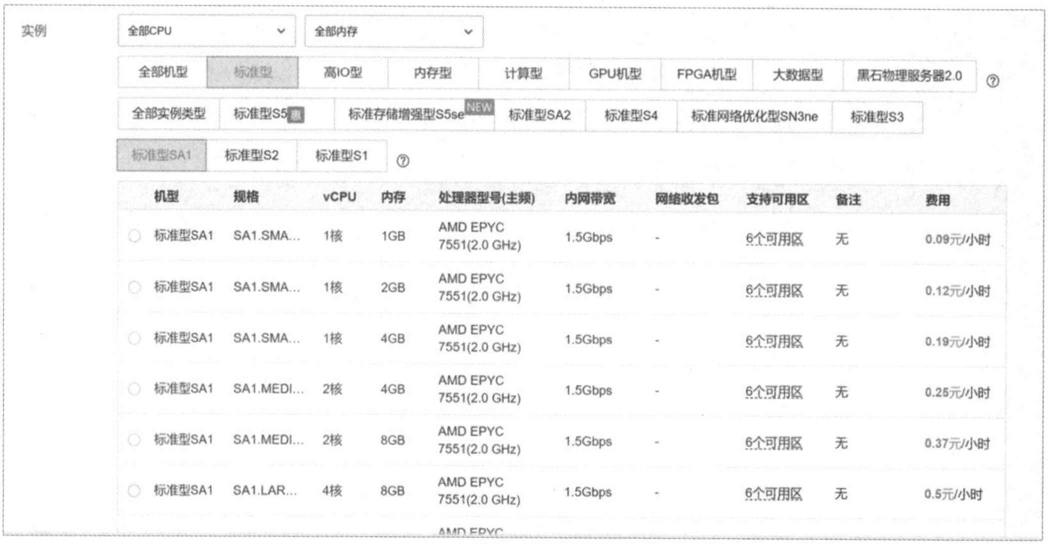

| 机型 | 规格 | vCPU | 内存 | 处理器型号(主频) | 内网带宽 | 网络收发包 | 支持可用区 | 备注 | 费用 |
|---|---|---|---|---|---|---|---|---|---|
| 标准型SA1 | SA1.SMA... | 1核 | 1GB | AMD EPYC 7551(2.0 GHz) | 1.5Gbps | - | 6个可用区 | 无 | 0.09元/小时 |
| 标准型SA1 | SA1.SMA... | 1核 | 2GB | AMD EPYC 7551(2.0 GHz) | 1.5Gbps | - | 6个可用区 | 无 | 0.12元/小时 |
| 标准型SA1 | SA1.SMA... | 1核 | 4GB | AMD EPYC 7551(2.0 GHz) | 1.5Gbps | - | 6个可用区 | 无 | 0.19元/小时 |
| 标准型SA1 | SA1.MEDI... | 2核 | 4GB | AMD EPYC 7551(2.0 GHz) | 1.5Gbps | - | 6个可用区 | 无 | 0.25元/小时 |
| 标准型SA1 | SA1.MEDI... | 2核 | 8GB | AMD EPYC 7551(2.0 GHz) | 1.5Gbps | - | 6个可用区 | 无 | 0.37元/小时 |
| 标准型SA1 | SA1.LAR... | 4核 | 8GB | AMD EPYC 7551(2.0 GHz) | 1.5Gbps | - | 6个可用区 | 无 | 0.5元/小时 |

图 8-96　查询机型列表

（6）打开新的 API 3.0 界面，选择"容器镜像服务"→"查看镜像列表（CVM）"选项，在"输入参数"选项组的地域参数下拉列表中选择"华南地区（广州）"选项，在右侧的"响应结果"界面中显示出了不同镜像类型对应的 ImageID，如图 8-97 所示。

图 8-97　查看镜像列表（CVM）

（7）选择"云服务器"→"实例相关接口"→"创建实例"选项，设置 Zone 为 ap-guangzhou-3，ImageID 为 img-n7nyt2d7，并单击"发起请求"按钮，响应结果如图 8-98 所示。

图 8-98　响应结果

（8）返回控制台，在云服务器实例列表界面中，显示一台名称为 ins-lqmmgory 的服务器实例。该实例的"可用区"为"广州三区"，"实例类型"为"标准型 SA1"，如图 8-99 所示。

| ID/名称 | 监控 | 状态 ▼ | 可用区 ▼ | 实例类型 ▼ | 实例配置 | 主IPv4地址 ⓘ | 操作 |
| --- | --- | --- | --- | --- | --- | --- | --- |
| ins-lqmmgory 新 未命名 | ıl. | ⓢ 运行中 | 广州三区 | 标准型SA1🛡 | 1核 1GB 0Mbps 系统盘: 高性能云硬盘 网络: Default-VPC | - 172.16.0.12 (内) | 登录 更多 ▾ |

图 8-99　控制台实例

## 📝 课后练习

一、单选题

1. 腾讯云为用户提供了多种可选云服务器。以下哪种与其他 3 种不能划分为同一类？
（　　）

A．CVM 云服务器　　　　　　　　B．GPU 云服务器

C．FPGA 云服务器　　　　　　　　D．黑石物理服务器

2. 下列关于腾讯云云服务器描述正确的是（　　　）。

A. CVM 云服务器是一种独占的物理服务器租赁服务

B. FPGA 云服务器适用于图形/图像压缩处理

C. 专用宿主机可以提供安全隔离的物理集群

D. GPU 云服务器满足敏感业务数据保护需求

3. 腾讯云云服务器托管机房分布在全球多个位置。下列关于地域和可用区的说法不正确的是（　　　）。

A. 不同地域之间的云资源默认完全隔离不能互访

B. 在相同区域中，不同可用区的云资源可以通过内网互通

C. 不同账户的资源在内网中默认相互隔离

D. 实例一旦选定可用区后，不可修改、不可迁移

4. 下列关于腾讯云公有镜像描述不正确的是（　　　）。

A. 创建云服务器实例使用公有镜像初始化

B. 使用公有镜像快速搭建个性化环境

C. 海外地域的 Windows 类型镜像需收取 License 费用

D. 提供合规、合法官方正版操作系统

5. 下列哪项不是弹性伸缩服务主要解决的问题？（　　　）

A. 业务突增或 CC 攻击导致机器数量不足，服务无响应

B. 按高峰访问量预估资源，而平时访问量很少达到高峰，造成投入资源浪费

C. 人工守护及频繁处理容量告警，需要多次手动变更

D. 服务节点负载分配不均

6. 下列关于腾讯云负载均衡说法不正确的是（　　　）。

A. 公网应用型支持七层、四层转发

B. 内网应用型不支持四层转发

C. 公网传统型支持七层、四层转发

D. 内网传统型不支持七层转发

7. 轮询方式是负载均衡向后端服务器分配流量的算法，根据不同的轮询方式及后端服务器的权重设置，可以达到不同的效果。以下哪项不是腾讯云负载均衡支持的策略？（　　　）

A. 加权轮询算法　　　　　　　　　　B. 加权最小连接数算法

C. 源地址散列调度算法　　　　　　　D. 最短响应时间

8. 下列不属于公网负载均衡使用场景的有（　　　）。

A. 对服务器集群进行故障容错和故障恢复

B. 为不同运营商的用户提供就近接入，进行网络提速

C. 需要将用户的请求合理地分配到各台服务器上

D. 当服务提供方想要屏蔽自己的物理 IP 地址时，对客户机提供透明化的服务

9. 以下关于 CDN 的缓存过期的概念描述正确的是（　　）。

A. CDN 的缓存过期指管理员上次登录后的操作过期时间

B. CDN 的缓存过期指 CDN 节点上缓存的用户资源超过了设置的有效时间

C. CDN 节点中的资源本身不存在缓存过期的概念

D. CDN 节点中的资源过期时间由腾讯云统一设定，用户无法调整

10. 关于腾讯云数据库一体机 TData 的优势，下列说法不正确的是（　　）。

A. 计算节点基于 Oracle Grid Infrastructure（GI）集群网格架构实现节点与节点之间故障的透明切换

B. 资源池保证每份数据存在 3 份副本，并分别存储于不同的存储节点，缺点是存储节点发生故障时的数据在线重新分布及重新冗余需要用户确认才会操作，但是保证了数据的安全性和可靠性

C. 存储节点通过 RDMA 技术及 ASM 自动存储管理组件构建存储资源池

D. 采用基于 RDMA 协议的高效通信机制，通信性能是传统 TCP/IP 方式的 10～40 倍

11. 以下关于云 API 的优点描述正确的有（　　）。

A. 云 API 提供腾讯云产品各类资源的接口，用户只需通过云 API 即可快速操作云产品。使用云 API 用户可以更加方便地管理云资源

B. 云 API 对系统要求低且兼容性强，在熟练使用云 API 的情况下，用户可以自行组建云 API 完成常用功能的调用，以提高工作效率

C. 可以通过云 API 自由组合接口，实现更高级的功能，从而实现功能定制

D. 云 API 易于自动化和远程调用，兼容性强，对系统要求低

12. 以下关于云 API 的特点正确的有（　　）。

A. 快速　　　　　　B. 高效　　　　　　C. 灵活　　　　　　D. 多样

二、实操题

在腾讯云上创建"标准型 S5"，镜像为"公共镜像"，CentOS 7.6 64 位的云服务器 CVM，并登录 CVM 云服务器。